让梦想腾飞 让生活出彩

活出创意的人生

主编 拾 月
编著 陈小梦

图书在版编目(CIP)数据

让梦想腾飞 让生活出彩：活出创意的人生 / 陈小梦编著. -- 北京：现代出版社, 2015.4（2024.9重印）
ISBN 978-7-5143-3509-5

Ⅰ. ①让… Ⅱ. ①陈… Ⅲ. ①成功心理－青少年读物 Ⅳ. ①B848.4-49

中国版本图书馆 CIP 数据核字(2015)第 067765 号

让梦想腾飞 让生活出彩：活出创意的人生

主　　编	拾　月
编　　著	陈小梦
责任编辑	王敬一
内文制作	诚美天下文化传播有限公司
出版发行	现代出版社
地　　址	北京市安定门外安华里 504 号
邮　　编	100011
电　　话	(010)64267325
传　　真	(010)64245264
邮　　箱	xiandai@cnpitc.com.cn
网　　址	www.1980xd.com
印　　刷	唐山富达印务有限公司
开　　本	700mmx1000mm　1/16
印　　张	9
版　　次	2015 年 5 月第 1 版　2024 年 9 月第 4 次印刷
书　　号	ISBN 978-7-5143-3509-5
定　　价	57.00 元

前言

青少年是社会的宝贵财富，是人类的希望和未来，正所谓“少年强则国强”。为此，大至一个国家、一个民族，小至一个家庭、一个家族，都特别重视青少年的教育问题。希望他们成为社会的中坚，家族的骄傲。一句话，就是希望他们成为成功的人。于国，能成为有用的人才；于家，能成为顶梁柱。不仅仅要学习好，还要有辨别人世间善、恶、美、丑的能力。在每个人的人生中，除了需要自身的因素之外，还需要拥有感受世界的能力。

恩师、成长，是人生成长、受业与收获，恩师给予我们知识、道理，最终收获了成长。

创意、希望，是对未来充满了信心和奋斗的勇气。

辩证、改变，是让我们学会理性而冷静地面对人生。

犹豫、内疚，是内心的一个警钟，让我们时刻保持着自信。

谦卑、焦虑，是对于生命真谛的领悟。

青春，是人最美好的一段时光，也是人格、性格定型的重要阶段，在这个时期，我们需要享受青春的快乐，同时也需要完成自我塑造。通过心理自助，最终从一个小男生、小女生逐渐成长为一个有着健全人格的人，成长为一个对社会、对家庭、对自我有着相对完整认知的人，成长为能够为自己的未来做主的人。这才是一个最充实、最有价值的青春。每个梦想都值得我们认真对待，每个青少年都是未来的希望。在青春中我们不仅要有欢乐，同时也要拥有未来！

本丛书是你化解烦恼的“心灵鸡汤”，可以给你快乐的心理自助；本丛书会让你认识到：掌控心理，方能掌控世界；改变自己，才能改变一切。本丛书还将告诉你：只有实现积极的心理自助，才能收获快乐而充实的青春。

目录

第一篇 潜力思维，创意可以不休不眠

第二篇 灵活探究，换个角度能发现世外桃源

第三篇 积累元素，一点点地开发想象空间

目录

第四篇 勇敢畅想，不敢冒险就没有绝处逢生

第五篇 细心一些，捕捉刹那间的出彩灵感

第一篇

潜力思维，创意可以不休不眠

创意对象，就是人的思维所指向的目标。那些乍看起来凝固不变的事物，其实都是漫长变化过程当中的一个小小的片断，其自身也在不停地变化着。当我们眼睛注视着一件物品，想对它进行改良的时候；当我们面临一个棘手的难题，绞尽脑汁想解决它的时候，也许我们并没有注意到，这件物品和这个难题，是一直处在变动之中的。

所以，我们的头脑要不停地运转，抓住机会无限地发挥自己的创意，这样一来，即便是眼前的问题无穷多，也会被我们迎刃而解。

创造力与生俱来，每个人都有

故事话题

世界伟大的物理学大师爱因斯坦的相对论，被公认为物理学史上最伟大的革命之一。在谈到它的形成过程时，爱因斯坦说："我躺在床上，那个谜一直在痛苦地折磨着我，像是没有一丝希望能解答这个问题。但是黑暗中突然闪出了我期待已久的光明，终于答案出来了，于是我立即进入了工作，连续奋斗了五个礼拜，然后写出了《论动体的电动力学》论文。那几个星期我好像处在狂态里一样。"

"形成广义相对观点时，"他又回忆说，"一天，我坐在伯尔尼专利局的椅子上。突然想到，假如一个人自由落体时，他会不会感到自身的重量？我为自己的这一假设大吃了一惊，这个简单的思想实验给我打上了一个深深的烙印，这是我创意引力的灵感。"

难怪这位大师向世人郑重地说："我相信直觉和灵感。"

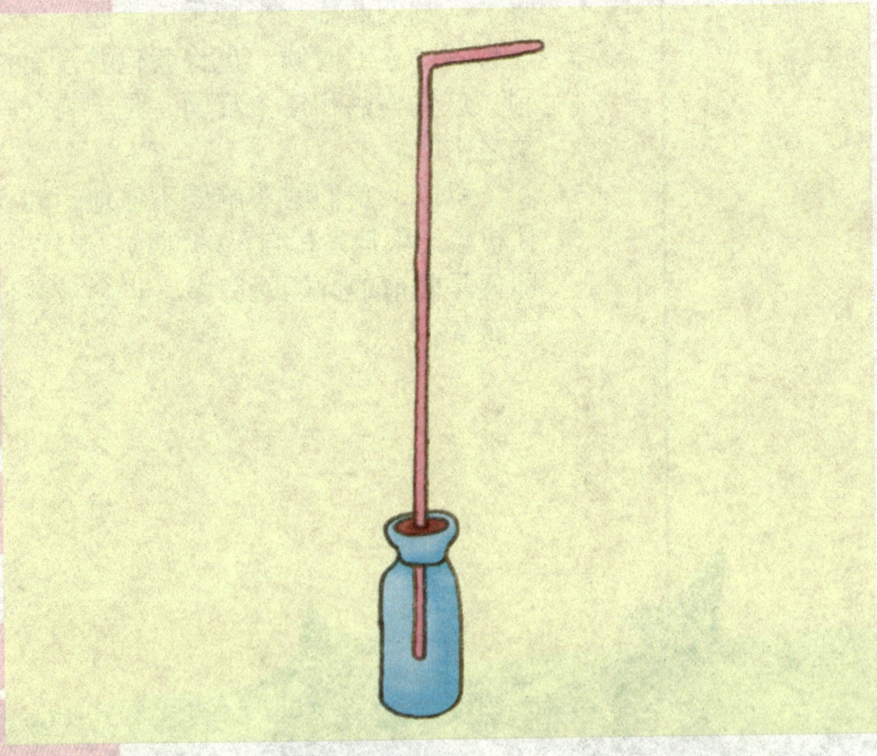

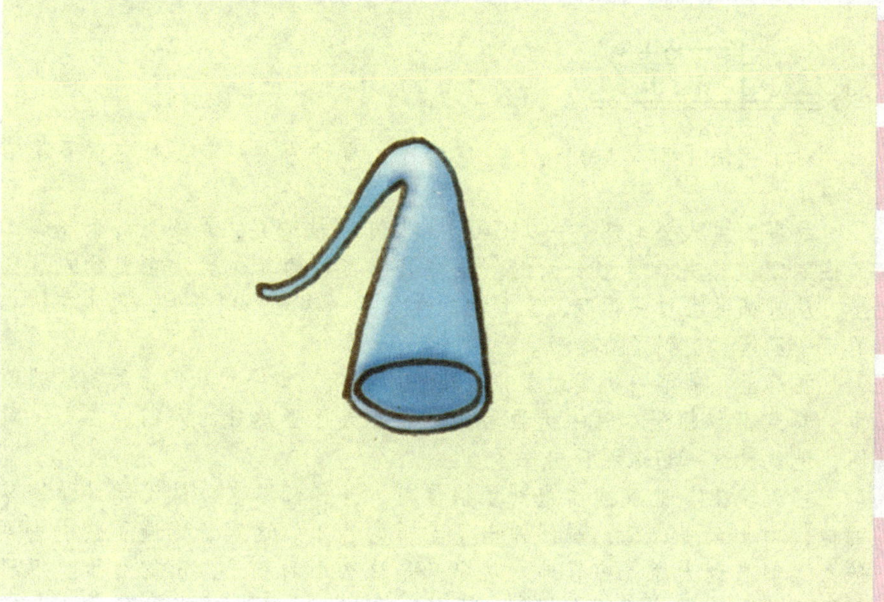

故事解析

很多时候，在我们脑海中都会出现些突如其来的神奇灵感，而且这种灵感转瞬即逝，甚至有时候我们根本意识不到。所以，如果想抓住它，就一定要提醒自己，时刻保持精力的高度集中。

灵感同懒汉无缘，它是勤奋学习的报酬。高尔基说过："天才就是劳动，人的天赋就像火花，它既可以熄灭，也可以燃烧起来，而迫使它燃烧成熊熊大火的方法只有一个，就是劳动。"灵感是长期创意劳动的必然结果，所以它自然需要由勤奋的汗水来浇灌。

人们寻找灵感的目的，多半是为了解决某个问题，所以必须要以强烈的求知欲望和勤奋精神为基础。对我们来讲，首先要树立崇高的学习目的。一个人追求的目标越远大，他就越有学习的韧性，目标越是崇高，就越有学习的毅力；其次，要有勤奋的学习精神。勤奋是获得一切成功的必要条件，也是产生灵感的重要前提。虽然灵感带有突发性和偶然性，但它终究是长期积累和思考的结果，即所谓"长期积累，偶然得之"。

俗话说的"踏破铁鞋无觅处，得来全不费工夫"，这看似"不费工夫"的"灵感"，正是"踏破铁鞋"的长期努力换来的。所以，我们要坚信"下力多者收功远"的道理，树立"莫嫌海角天涯远，但肯摇鞭有到时"的信心。从而不停地顺畅自己的思路，使灵感在学习中不期而至。

故事穿越

对于《海上钢琴师》这部经典影片，看过的人一定会对它留下深刻的印象：

故事的主人公名叫“一九〇〇”，从小就被遗弃，是船上一个烧煤工人捡到了他，并抚养他长大的。他一直跟自己的养父生活在船舱的最底层，从来都没去过头等舱，直到他的养父在一次意外中丧生，他才在伤心的日子里偶然走到了头等舱。

在那里，他第一次邂逅了一段美妙的音乐。第一次从门上的花纹玻璃中，看到钢琴师演奏时的优雅动作，还有大厅里跳舞的人们。在那一瞬间，他就被这一切深深吸引住了。

当天晚上，他就偷偷跑到了钢琴前，并弹起琴来。从没学过弹钢琴的他，由于天资聪慧，瞬间弹出了动听的音乐。这声音传遍了整个头等舱，人们来到大厅，惊喜地发现原来是这么小的孩子弹出的音乐。但船长走到他身边说：这不合规矩，下等人不能到上等人的大厅演奏。

“一九〇〇”虽然年纪小，但不失勇猛，他说出了一句让所有在场的人都很震惊的话：“滚蛋，老规矩！”所有的人都笑着赞赏他的胆量，他就因为这句话改变了自己的一生，从此他被允许坐到头等舱的钢琴前，开始了他的演奏之旅。

故事微语

从上面的故事可以看出，如果没有大胆地向世俗的观念挑战，没有叫板老规矩的勇气，那么，“一九〇〇”就不可能改变自己的命运。他可能永远都会待在最底层，与他的养父一样，安分地做一个烧煤工人，而不可能成为一个出色的钢琴师。结果说明，他向每一个知道他故事的人做出了榜样。

在创意活动中，思想的自由是相当重要的。思想，是人们各自的心理活动，但它受外界的影响非常明显。社会的传统文化背景、自身的知识体系等，都在很大程度上左右一个人的思想活动方式。所以，要想让自己过得好，想实现理想，就需要树立一个改变的观念，就应该向一切陈旧的教条规矩发出抗议。

心灵箴言

世界对于有想象力的人来说只是一块帆布。

——[美] 亨利·戴维·梭罗

创造力就是想出新鲜事物。创新就是制造新鲜事物。

——[德] 西奥多·莱维特

毫无疑问，创造力是最重要的人力资源。没有创造力，就没有进步，我们就会永远重复同样的模式。

——[法] 爱德华·德·波诺

创造力就是看出原本不存在的东西。你需要认识到如何将那些东西挖掘出来，并且让它成为上帝的玩伴。

——[美] 迈克尔·谢伊

大脑会越用越灵活

故事话题

日本科学家曾经对 200 名 20～80 岁的健康人进行跟踪调查，他们发现经常用脑的人活到 60 岁的时候，思维能力仍然像 30 年前那样敏捷，而那些 30～40 岁不爱动脑筋的人，脑力都出现了加速退化的现象。

对于这项研究，美国科学家做了另一项实验：他们把 73 位平均年龄在 81 岁以上的老人分成 3 组，分别是自觉勤于思考组、思维迟钝组，和受人监督组。实验的初步结果是，自觉勤于思考组的血压、记忆力和寿命都达到最佳指标。3 年以后，勤于思考组的老人都还健在；思维迟钝组死亡 12.5%；而受人监督组有 37.5%的人已经死亡。

故事解析

上述实验结果表明，勤于思考、追求事业，是人们健康长寿的奥秘所在。其实现实生活中有许多实例可以证明这一点，如：英国剧作家、社会活动家萧伯纳享年 94 岁，晚年仍有剧作问世；伟大的发明家爱迪生坚持用脑到 84 岁，发明成果 1100 多项；法国的一位女钢琴家 104 岁还能登台演奏；著名黑人作家杜波依斯 87 岁写作《黑色的火焰》，轰动世界；我国著名学者马寅初一生坎坷，由于勤于用脑活到 100 岁；我国现代气象学的开创者竺可桢，上中学时身体虚弱，还患过肺病，有人断言他活不到 20 岁，但他一直坚持奋斗，活到 84 岁，贡献卓著。

诸多例子都在说明，一个人只有相信，并且懂得开发自己的巨大潜能，才会具有超群的智慧和强大的精神力量。只有这样，才会获得成功。在这个世界上，我们要学会不要依靠别人，因为一个总是靠别人扶持的人，是不可能获得成功的，我们唯一可以依靠的就是自己。

故事穿越

在一个池塘边，生活着两只青蛙，一只绿色的，一只黄色的。绿青蛙经常到稻田里捕捉害虫，黄青蛙却经常悠闲地躲在路边的草丛中闭目养神。

有一天，黄青蛙正在草丛中睡大觉，突然听到有声音叫："老弟，老弟。"它懒洋洋地睁开眼睛，发现是田里的绿青蛙。

"你在这里太危险了，搬来跟我住吧！"田里的绿青蛙关切地说，"到田里来，每天都可以吃到昆虫，不但可以填饱肚子，而且还能为庄稼除害，况且也不会有什么危险。"

路边的黄青蛙不耐烦地说："我已经习惯了，为什么非要我浪费精力搬到田里去？我懒得动了，况且，路边一样也有昆虫吃。"

听闻此话，田里的绿青蛙只好无可奈何地走了。

几天后，它又去探望路边的伙伴，发现路边的黄青蛙已被车子轧死了，暴尸在马路上。

故事微语

生活中的很多灾难与不测，都是因为我们固执己见而不听从别人的正确意见造成的。

固执，就是思维的僵化和教条。换位思考要求我们学会从各个不同的角度全面研究问题，抛开无谓的固执，冷静地用开放的心胸作出正确的抉择。是否这样做，往往可以决定你能否走向成功。

应该说，安于现状，固执己见，是造成人生劣势的主要原因之一，而勇于突破自我的思维习惯，不让自己停留在熟悉而危险的现状中，让自我更健全，更有应对力，才能真正拯救自己，完成人生的大业。

心灵箴言

就观察而言，机遇偏爱有准备的头脑。

——[法] 路易斯·巴斯德

“要想创造性地生活，我们必须不再害怕犯错。

——[美] 约瑟夫·奇尔顿·皮尔斯

创造性的人，他们希望能够无所不知。他想知道一切事物——古代历史、19 世纪数学、现代制作技术以及生猪的未来。因为他们永远不知道什么时候这些想法会汇集成新的思路。也许六分钟、六个月或者六年。但他们相信一定会实现。

——[美] 卡尔·艾里

别把大脑禁锢在大门里

故事话题

法国著名科学家法伯发现了一种很有趣的虫子，这种虫子都有一种“跟随者”的习性，它们外出找食物，或者玩耍时，都会跟随在另一只同类的后面，从来都不会换一种思维方式另寻出路。

发现这种有趣的虫子后，法伯做了一个实验。他花费了很长时间捉了许多这种虫子，然后把它们一只只首尾相连，放在了一个花盆的周围，还在离花盆不远处放置了一些这种虫子爱吃的食物。

一个小时之后，法伯前去观察，发现虫子一只只不知疲倦地在围绕着花盆转圈；一天之后，法伯再去观察，发现虫子们仍然在一只紧接一只地围绕着花盆疲于奔命；7 天之后，法伯去看，发现所有的虫子已经一只只首尾相连地累死在了花盆周围。

后来，法伯在他的实验笔记中写道：这些虫子死不足惜，但如果它们中的一只能够越出雷池半步，换一种思维方式，就能找到自己喜欢吃的食物，命运也会迥然不同，最起码不会饿死在离食物不远的地方。

故事解析

其实，该换一种思维方式生存的不仅仅是虫子，还有比它们高级得多的人类。所谓“山重水复疑无路，柳暗花明又一村”，变换思维模式和审视问题的方法，总会发现惊喜。对我们自身思维的反思，常常是我们思维的死角。

世上的事情有时就这么简单得令人难以置信：如果你墨守成规，等待你的可能只有失败；相反，如果你稍微动一下脑筋，对传统的思维方式进行一番创意，获得成功的几率就很大。比如，那种具有“跟随者”习性的虫子，假使它们能动动脑筋，对自己固有的习性进行一下创意，不跟在别人身后漫无目的地奔跑，或许就不会被饿死。

创意思维，就是将不合时宜的思维方法去除，从而让人们在生活和工作中，能反观自己的思维，能根据客观现实，随时调整改变自己的思维方式。

假如我们仅仅局限于常规思维，路子不仅越走越窄，甚至还会走入死胡同；而打破思维惯性，换个角度思考，尝试多角度、多层面的思考方式和审视方法，往往就会有意想不到的收获。

故事穿越

某公司招聘职员，有一道试题是这样的：

一个狂风暴雨的晚上，你开车经过一个车站，发现有三个人正苦苦地等待公交车的到来：第一个是看上去濒临死亡的老妇，第二个是曾经挽救过你生命的医生，第三个是你的梦中情人。你的汽车只能容得下一位乘客，你选择谁？

每个人的回答都有他的理由：选择老妇，是因为她很快就会死去，我们应该挽救她的生命；选择医生，是因为他曾经救过你的命，现在是你报答他的最好机会；选择梦中情人，是因为如果错过这个机会，也许就永远找不回她(他)了。

在200个候选人中，最后获聘的一位答案是这样的：“我把车钥匙交给医生，让他赶紧把老妇送往医院；而我则留下来，陪着我心爱的人一起等候公交车的到来。”

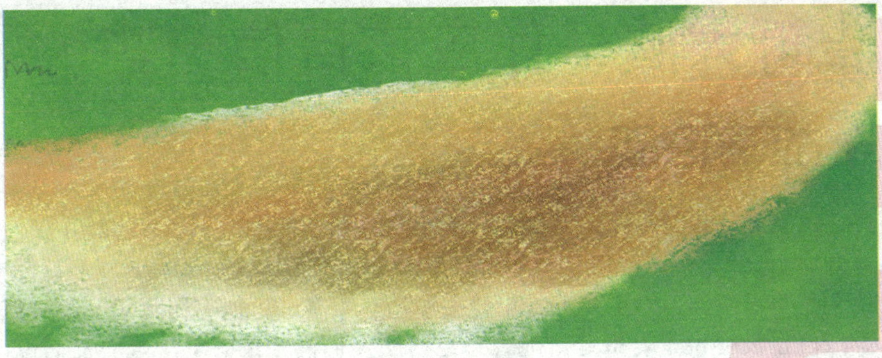

故事微语

我们常常会被“非此即彼”的思维模式所限，如果自己“从车上下来”，抛开思维的固有模式，我们就可以获得更多。

有时候，所有人都去做的事情不一定就是最有发展前景的事情，更不一定是最适合你的事情，而另辟蹊径，寻找自己的强项和优势，寻找别人看不见的解决问题的方法，才可能使自己始终立于不败之地。

创意是人类大脑的一种特殊功能，每个人都有创意的天赋，只要想办法在适当的时间，适当的地点，正确的方向上，最大限度地发挥自己，创意的思维就不会受到阻碍。

心灵箴言

我不理解为什么有些人害怕新鲜思想。我害怕陈旧的思想。

——[美] 约翰·凯奇

创造力就是发明、做实验、成长、冒险、破坏规则、犯错误以及娱乐。

——[美] 玛丽·库克

随着竞争加剧，越来越需要有创造性思维。做好同一件事，并有效地解决问题是远远不够的。

——[法] 爱德华·波诺

聆听他人的原始想法，不管它最初听起来多么荒唐可笑。如果你禁锢人们的思想，你会得到很多盲从者。给他们自由发挥的空间。

——[美] 威廉·麦克奈特

告诉大脑：你应该自信一些

故事话题

很多人都穿过牛仔裤，但是他们未必全都知道牛仔裤的真正来历，以及发展史。

在美国西部，一个乡下青年要去参加斗牛赛，可他穷得除了一条破裤子，再也没得换了。事先，他曾想过向朋友们借一条裤子，可朋友们说，他要去参加斗牛赛，回来时，好裤子可能又成了破裤子。于是，谁都不肯借给他。

青年只好穿着露了膝盖的破裤子去参加比赛，出乎意料的是，他奇迹般地得了冠军。他上台领奖时，破裤子使他很难为情。台下十几名摄影记者却不管不顾地为他拍照，他简直无地自容。

后来，他的相片被刊登在了报纸上，他的破牛仔裤竟然成了当时许多年轻人效仿的款式。几天之后，大街小巷到处都是穿着破裤子的青年，这一景象一直流传到今天。

故事解析

生活中，很多人的言行举止、穿着打扮，都是根据社会所能接受的、大众化的标准来进行的。社会中的每一个成员，都在一个固定的框框里规范着自己，在从众心理的引导下，效法他人的作为。于是，本来要表明自己不同的观点的人，也对自己的观点产生了很大的怀疑，毕竟是“众口铄金”，所以也就不再表明自己的看法，也加入了大家的行列。

挑战权威，是一种勇气，拥有勇气的前提是自信。自信是发自内心的自我肯定与相信，当我们的意见和权威的看法相矛盾的时候，如果确认自己是对的，是选择服从权威还是坚持自己的主见呢？古今中外的历史表明，只有那些能够坚持自己主见的人，才能够不屈不挠，最后走向成功。

故事穿越

有一次，俄国著名戏剧家斯坦尼斯拉夫斯基在排演一出话剧。正当这个时候，女主角突然因故不能演出了，斯坦尼斯拉夫斯基实在找不到人，最后只好请他的大姐担任这个角色。他的大姐以前只是一个服装道具管理员，现在突然出演主角，便产生了自卑胆怯的心理，演得极差，引起了斯坦尼斯拉夫斯基的烦躁和不满。

一次，他突然停下排练，说：“这场戏是全剧的关键，如果女主角仍然演得这样不上档次，整个戏就不能再往下排了！”这时全场寂然，他的大姐久久没有说话。突然，她抬起头来说：“排练！”一扫以前的自卑、羞怯和拘谨，演得非常自信，非常真实。斯坦尼斯拉夫斯基高兴地说：“我们又拥有了一位新的表演艺术家。”

可见，只有对自己充满自信，才能真正获得成功。

故事微语

面对来自外界的诸多质疑，人们往往容易因为不自信而不得不放弃自己的观点，从而丧失争取他人认可的信心和动力。而斯坦尼斯拉夫斯基的大姐坚持自信，敢于正视他人的质疑和不屑，最终通过努力博得了大家的肯定。我们也应该向她学习，无论在任何时候，都要保持自信，坚定自我，这样才会不断进步，有所创造。

想要变得自信，就要树立敢于挑战困难的勇气，并且在困境中进行积极的自我激励。实践中的经验也表明，在一个从众心理较普遍的环境里，那些敢于提出自己与众不同的见解的人，往往会被人认为不合群、爱表现自己，从而影响了人际关系的融洽。然而这类人一旦展示出自己的才华并有所成就，便会得到大家的尊重。

心灵箴言

一切伟大的功绩和思想最初都是荒谬可笑的。

——[法] 阿尔伯特·卡缪

如果你听到内心的声音“你不能画画”，那么想方设法让那个声音沉寂吧！

——[荷] 文森特·凡高

大胆的想法就像向前走步的棋子，它们可能会被击败，但它们也可能赢得比赛。

——[德] 歌德

当我们不再试图遵循自己和别人的模式，学会做自己，挖掘自己天赋时，我们就会发现属于自己才能的本质。

——[美] 莎克蒂·高文

美妙的环境能刺激创造欲

故事话题

20 世纪 90 年代以来，日本的年轻人都特别讲究卫生，几乎到了“人人成洁癖”的地步。年轻女人尤其如此，在她们眼里，到处都粘满了细菌。她们不坐公园的椅子，不坐地铁的座位，而宁愿站着，双手抓住用手绢包着的扶手。

当这股“洁癖潮”流行起来的时候，精明的企业家立即意识到赚钱的机会来了。于是，三菱铅笔公司推出了杀菌圆珠笔，每支售价 100 日元而每月销量将近 100 万支。杀菌袜、除臭鞋、香味内衣之类的产品供不应求。最奇怪的是一种“除臭药片”的问世，服用这种药片能消除大便的臭味。本来它是专为长期卧床的病人使用的，没想到“除臭药片”在普通人群中也流行开来，特别受到女秘书们的欢迎。，

故事解析

外界事物的变化，是对人们智力的考验。对于充满创意的头脑来说，变动意味着发展的机遇；而对于因循守旧的头脑来说，变动无疑是一场灭顶之灾。

这个世界上存在着无穷多的事物，产生着无穷多的现象。在自然界，大到日月星辰，小到尘埃微粒，无穷多的事物散布在我们周围；在人类社会，春种秋收、集会游行、杀人放火……有无穷多的事件发生在我们周围。正如希尔伯特所言：“无穷是一个永恒的谜。而破谜、揭秘是人的天性，它为人们的创意提供了无穷多的可能。”

所有这些客观的事物和主观的现象，都有可能成为我们创意思维的对象。也就是说，创意的素材遍地都是，创意的机会也是无穷多的，不论身边的环境是怎样的，只要我们仔细观察，开动脑筋，思考任何一种事物或现象都能够产生创意。

故事穿越

大家都知道贝多芬的名作《月光曲》，但你知道它是如何被大师创作出来的吗？

贝多芬在一次演出结束后出来散心，走到了一个破屋前，听到里边传来优美的音乐，他不知不觉地走到了门口。

“哥哥，要是我们能买到音乐会的门票该多好啊！”弹琴的女孩忽然停下来说道，“可是我们的温饱还不能解决。”

“那都是有钱人去的地方，我们穷人是进不去的。”一个男人说道。

女孩子说：“我多么希望能亲耳听到他的琴声啊！”说完她低下了头。

这时贝多芬推开门走了进去。“先生，您找谁？”男人先开了口。“我只想借用你们的琴弹一下，可以吗？”女孩站了起来，给他让了位置，说道：“可惜我们的琴太破了，如果您不嫌弃的话，我们非常欢迎。”

贝多芬坐了下来，把他的作品都弹了一遍，女孩和那个男人都沉浸在优美的音乐之中。

忽然贝多芬站起来走了出去，因为在他的心里又酝酿出了一首伟大的作品，而且就在这一瞬间，他忽然发现了他要找的东西，所以他快步离开了破屋，而男人和那女孩还陶醉在他的琴声之中。

故事微语

灵感的形成，虽然是在一刹那之间，但是，它与一个人的知识、经验以及分析、判断等能力有密切的关系。因此，灵感的形成离不开个人长时间的积累。而且，在一次灵感形成之后，还要进行验证、充实和完善。

那么如何使自己产生令人羡慕的灵感呢？科学上指出：灵感使创意过程中新观念的产生带有突发性，灵感现象自古以来就曾经使许多人感到神奇，历代都有众多著作和学者对它进行多方面的探索。

灵感问题，是对人类很有诱惑力的研究课题，同时也是唯物主义和唯心主义长期争论的一个焦点。对于人类在历史上对于灵感的漫长研究和争论过程中，我们发现，进一步开发和提高我们自己的智力和创意能力，对灵感现象要有所了解，尤其要善于捕捉利用灵感，使它给我们创意出惊人的奇迹。

心灵箴言

你不可能用完创造力。使用得越多，你就拥有越多的创造力。

——[美] 玛雅·安杰洛

有些人使用东西，他们破坏这些东西。你是一个创造者、制造者。

——[美] 阿梅莉娅·艾特沃特·罗德斯

一旦有个人凝视着岩石堆，想象着它是个大教堂，那么岩石堆就不再是岩石堆了。

——[美] 圣·埃克苏佩里

没有任何人去过创造之地。你必须离开舒适的城市，走进直觉的荒野。你将会发现精彩绝伦的世界，你将会发现你自己。

——[美] 艾伦·艾尔达

第二篇

灵活探究，换个角度能发现世外桃源

思维定势，是指当人们思考问题时，总会存在一种思维的惯性，会习惯地根据自己已有的知识，按照一种固定的思路去考虑问题。这种习惯性的思维程序使得人们一面对问题就会按照熟悉的方向和路径去思考，从而找出解决问题的办法。

这种思维定势对于人们解决一般的问题，可以起到“轻车熟路”的积极作用，但当人们需要开创性地解决问题时，思维定势往往就会成为一种障碍和束缚。它将人们局限在某种固定的思维模式内，打不开思路，不能形成创意的新观念、新意识。

不死板，换个角度想问题

故事话题

孔夫子带着他的徒弟们周游列国，在一个国家饿了很多天，好不容易搞到了一点儿米，便让颜回煮成饭给大家吃。孔夫子看到饭刚煮好，颜回便悄悄地抓了一把饭往嘴里塞。孔夫子很不高兴，于是把颜回训斥了一番：“大家都饿着肚子呢，你怎么能一个人先吃呢？”

颜回委屈地说：“我刚才打开锅盖，看见饭里有一块很脏的东西，我怕这个脏东西被别人吃掉了，于是我就自己把这块脏米饭吃下去。”

孔夫子听后，对这个事情发了一番感慨：我们每个人都有自己观察不到的地方，而且每个人对于眼前的事实和所发生的事情，都是按照自己的理解来加以解释，这里很容易会发生许许多多的误会和偏差。所以，要想成为一个君子，就要认识到自己思考中的盲点，对那些察觉不到的地方，要特别的谨慎，不能匆匆忙忙地下结论。

故事解析

当我们每个人在观察和认知事物的时候，都会有自己的盲点，也就是我们平日里所看不到的地方。因为每个人头脑当中，都有自己固定化的思维模式。符合这种习惯和模式的事物，我们对它的认识就十分清楚，而超出这个习惯和模式的事物，我们往往会忽略掉。而且对于自己认为有意义的那些事物，总是特别注意，并且总是习惯于按照自己的理解对它们加以把握。所以，每个人的认识和目光，都像一个手电筒，它仅仅照出一个光柱，而光柱之外的事物，都被我们忽略了。

创意思维所得到的结果，应该尽量全面一些，考虑的问题应尽量周到一些，这是毫无疑问的。但是，“彻底的全面”同样是若隐若现的东西。如果一味地追求“全面性”，也许要失去许多创意的好时机。

故事穿越

法国著名女高音歌唱家玛·迪梅普莱有一片美丽的私人园林。每到周末，总会有人到她的园林摘花，采蘑菇，有的甚至搭起帐篷，在草地上野营，弄得园林一片狼藉，肮脏不堪。

管家曾让人在园林四周围上篱笆，并竖起“私人园林禁止入内”的木牌，但均无济于事，园林依然不断遭践踏、破坏。于是，管家只得向主人请示。迪梅普莱听了管家的汇报后，让管家做一些大牌子立在各个路口，上面醒目地写明：如果在林中被毒蛇咬伤，最近的医院距此 15 千米，驾车约半小时即可到达。从此，再也没有人闯入她的园林。

故事微语

“私人园林禁止入内”和“如果在林中被毒蛇咬伤……”两种表达有何不同？有些时候，成败就在于一个观念的转变。

“创意”这个词，也许是近年来使用频率最高的词。翻开报刊，打开电视，网上漫游，听朋友聊天……举国上下都在“创意”。然而，口头上的“创意”距离实践上的创意还有相当长的路要走，因为任何创意都需要一个良好的社会环境，而我们长期生活在一种僵化的体制下，头脑中充斥着各式各样的守旧观念，所以，创意就会变得很难实现。

我们需要找到突破口，让思维的触角沿着可能存在的点尽量向外延伸，让自己站在可能的点上去看不同方向上的人生版本。不同的问题以一种不同的态度去解决、面对，可以补足我们多面向的生命创意，而只有一种面向的生命很难拥有最精彩的结果。

心灵箴言

挖掘新思想比摒弃旧观点更困难。

——[英] 约翰·梅纳德·凯恩斯

生活是不断尝试新鲜事物，看它们能否起作用。

——[美] 雷·布莱伯利

天才只不过是一种以非惯常方式感知事物的才能。

——[美] 威廉·詹姆斯

与其什么都不知道总以为自己是正确的，不如有些错误的想法。

——[法] 爱德华·德·波诺

摆脱束缚，让心灵自由地飞翔

故事话题

19 世纪中叶，法国因为出现蚕瘟，从而使一度繁荣的养蚕业陷入了危机。这场蚕瘟延续了很长的时间，使得法国的养蚕业几乎毁灭。为此，法国政府先后请了许多昆虫学家来商讨解决蚕瘟的办法，其中也包括有名的昆虫学家法布尔。

昆虫学家们根据自身积累的知识和经验，提出了很多控制蚕瘟的办法，但是结果都没有奏效。后来，法国政府又请来了化学家巴斯德来寻求解决问题的办法。

巴斯德虽然是化学家，不懂昆虫学的专业知识，但他通过反复细心的观察，认为蚕瘟很可能与蚕身上的小斑点有关，于是他又进行了更为深入的研究与实验，并确定蚕身上的斑点是一种传染性的细菌，蚕瘟正是由于这种传染性细菌引起的。

在此基础上，他研究出了消灭此种细菌的措施，于是，蚕农们按照巴斯德的措施，经过 6 年的努力，终于控制了蚕瘟，使法国的养蚕业摆脱了危机。

故事解析

虽然巴斯德是化学家，对昆虫学领域的知识一窍不通，但是他却解决了很多昆虫学家都束手无策的有关昆虫学的难题。

相比之下，法布尔作为有名的昆虫学家，有着丰富的昆虫学知识与经验，但由于他没有能走出专业知识的框框，遇到新问题时，仍然用习惯的老办法，从熟悉的角度去考虑问题，结果被自己的专业知识所束缚，想不出创意性的办法。难怪事后法布尔说：“看来，开始时对某个问题一无所知，是解决这个问题的理想起点。”

世界中的各种事物都是纷繁复杂的，各有其不同的属性，会不停地发生变化。

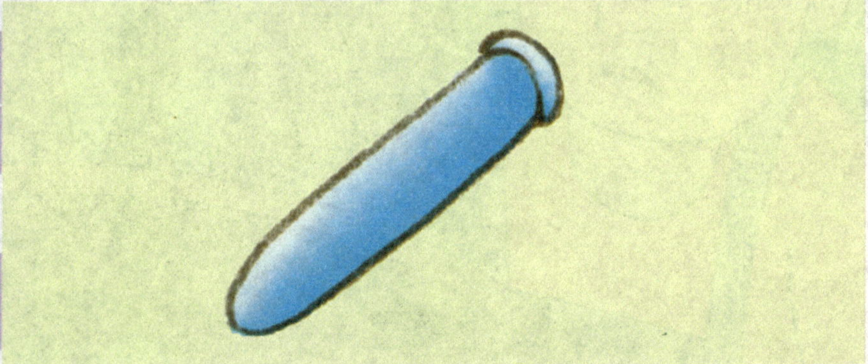

故事穿越

一位心理学家曾做过这样一个实验：他找出 7 名学生，让他们坐在一张桌子的周围，其中真正的被试者只有一个人，令其坐在较靠后的位置，其余的 6 人都是陪衬者，并接受了实验人员的秘密暗示。

7 名学生围桌坐好以后，给他们看两张图片。前一张图上有一条线为标准线，另一张图中有 A、B、C 三条比较线，其中线段 C 与标准线等长。当 7 名学生看完图片后，让他们指出哪条比较线与标准线长度等长。

回答时，先让那 6 个事先安排好的陪衬者故意作出错误判断，说比较线 A 或 B 与标准线相等，然后再让不了解真实情况的那个真正的“被试者”判断。结果这个人也做出同样的错误判断。而单个人做这个实验时，几乎没有一个人作出错误判断。

故事微语

这个实验揭示了一种重要的现象——“从众心理”，也就是我们常说的“随大溜”。它指的是人在知觉、判断和思维活动中，容易受团体中其他人的影响，而屈从于他们的观点。

“从众”现象在日常生活中是经常发生的，在学校里，老师布置了一道比较难的数学题，全班同学对自己答案的对错都没有多大的把握，如果大部分学生的答案是一致的，其余的同学即使做对了，心理也总觉得不踏实，大脑里不停地在作思想斗争：我还是把答案改成和他们一样的吧。

“随大溜”的人往往不敢坚持己见，人云亦云，结果和别人一起犯错误。其实我们每个人都是一个灵性的存在，想要将这种灵性最大地发挥出来，就要努力克服惯性思维这个强大的敌人。

心灵箴言

灵感是等不到的，你必须用棍棒去追逐他。

——[美] 杰克·伦敦

所有的艺术家都是在自己的心灵中浸渍画笔，将自己的本性融入作品的。

——[美] 亨利·沃德比彻

要有创造力必须热爱生活。只有热爱生活，想提升生活价值，想给生活注入音乐、诗歌和舞蹈，你才有创造力。

——[印度] 奥修

没有任何人去过创造之地。你必须离开舒适的城市，走进直觉的荒野。你将会发现精彩绝伦的世界，你将会发现你自己。

——[美] 艾伦·艾尔达

多实践，摒弃纸上谈兵

故事话题

许多人曾经这样认为：没有高学历的人，成功的希望不是很大。詹妮弗•彻尼从不相信传统的成功之路，认为获得好的文凭，未必就是谋求职业的唯一途径。因此，她常常由于不遵循传统之道而受到非议。对此，她是这样解释的：“我花不起这些时间。”而现在，她俨然已经成为一个年收入过百万的房地产投资商了。

之前，她在纽约州立大学只读了一年就退学了，她认为四年大学好像是中学和进入现实社会生活之间的一段间歇。她不想花这么长时间休息，而是下决心进入商界挣100万美元。

起先，她进入了一家缝纫厂，做服装工人。在厂里，她以惊人的速度取得进步，每当有人离开这个艰苦的岗位，她都会主动请求老板将那一部分工作派给自己。

后来，她开始从事销售工作，仍是以好学和拼命的精神投入工作，3年时间，她的工资由每年8000美元提高到了5万美元。此时，她感觉在这里已干得差不多了，于是辞去了工厂的工作。她的父母和朋友都劝她回大学念书，但她从不听劝，她对从宝石到保险业的销售行情进行了调查，最后加入贝奇房地产公司。

头一年对彻尼来说很不顺利，她做的几笔买卖都失败了，几乎没挣到什么钱。她白天东奔西跑，晚上到夜校读房地产经营的课程。第二年夜校的课程上完后，她的生意开始兴隆起来，那年她拿到了100万美元的佣金。但她刚做完一笔最大的交易后，就被老板解雇了。

彻尼认为老板是因为嫉妒自己，她没有被打垮，在痛哭了一场后，接着又参加了夏皮罗房地产公司。仅仅一个星期，该公司买卖的成交额就增加了一倍。而今，彻尼终于获得了巨大的成功。

故事解析

实践是灵感产生的源泉，在实践激发中，既包括现实实践的激发，又包括过去实践体会的升华。各项创意成果的获得，都离不开实践需要的推动。在实践活动的过程中，迫切解决问题的需要促使人们积极地去思考问题，废寝忘食地进行探索和钻研。科学探索的逻辑起点是问题，因此，在实践中提出问题、思考问题、解决问题，是引发灵感的一种好方法。

在现实生活中，我们被一件小事所鼓舞、所激励的时候极多。在那种时刻，倒也不见得用到什么激励理论，而更多的是根据自身的思想水平、人生目标和当前的迫切需要，把许多外在的因素化为自己的激励因素，这是一场面对自我的无声“较量”。

故事穿越

鲁班是我国古代一位优秀的手工业者和发明家，他的名声和故事，一直在人世间广为流传，也给我们带来许许多多的小启示。

在鲁班生活的年代，伐木是要用斧头的。有一次，他带上几个徒弟上山砍木材，一连砍了几天，累得个个都精疲力竭，可木料还是远远供应不上，鲁班心里非常着急。

一天，他在砍木材的时候，爬山坡时被一种野草划破了手指，于是他摘下一片叶子轻轻一摸，原来叶子两边都长着很锋利的锯齿。鲁班的心为之一动，似乎是想到了什么，这时附近的一棵野草上有条大蝗虫，它的两颗大板牙一开一合，正在津津有味地嚼着草叶。

鲁班上去把大蝗虫捉来细细一看，原来在大蝗虫的大板牙上也排列着许多的小锯齿。有锯齿的草叶把人的手划破，长有锯齿一样的板牙的大蝗虫能吃草叶。“难道……”他的思维在快速地运转着，展开了永不停息的想象：“如果做成带有锯齿的竹片，或许可以用来锯木头。”

随后，他把竹片做成带齿的，在树上轻轻一试，一下就把树皮划破了，再用力拉了几下，木头上就出现了一条深沟。于是，他下山请铁匠打了一条带齿的铁片，再到山上进行实践。证明了铁片的更好效果之后，鲁班高兴得跳了起来，就这样，鲁班用他的想象发明了锯。

故事微语

创意意识的形成，并非一蹴而就，而是需要经过长期时间来培养的。按照著名经济学家熊彼特的说法，创意的核心含义是“引入新要素”“实现新组合”。他认为，创意要求向原有的框架中引入新要素，因而必然包含着对旧有要素的“创造性破坏”，这对于我们开发和培养创意意识是有启迪的。

我们在接触一个事物、思考一个问题的时候，要养成敢于打破常规的习惯，就像故事中的鲁班，从别人可能会认为是荒诞的、离奇的、不可思议的角度出发想问题，大胆引进新的东西，所以他发明了锯，沿用至今。

另外，还有人提出，观念的创意实际上是“旧的成分的组合”。这也提醒我们在思考问题的时候可以大胆地进行组合、激发出新的设想。只要我们有意识地锻炼自己从多角度、多维度、多种类思考问题的能力，创意意识就会逐渐地扎根于我们的头脑之中，我们也会自觉不自觉地以创意的眼光安排、设计我们的一切。

心灵箴言

真正有创造力的人能够摆脱一切自我约束。

——[美] 杰若·詹波斯基

有了想法并将之付诸行动比徒有空空的想法更重要。

——[法] 爱德华·德·波诺

真正有创造力的人不介意他们做过的事，而是在乎他们在做什么。动力主要来源于现在的生活。

——[美] 艾伦·科恩

为萌生一个又一个创意而乐此不疲

故事话题

在第二次世界大战期间，由于德国、意大利、日本对各国的侵略战争尤为猖獗，美国、前苏联、英国等国家开始着手建立反法西斯同盟，为了名正言顺地反对法西斯帝国，同盟国决定起草一份宣言，可当时那些国家领导人在一起研究了好多次，也起了不少名字，但都因为不够恰当而不得不放弃。

有一天大清早，罗斯福刚刚起床，便不顾身份地大叫："我的上帝，终于让我想出来了！"于是他匆匆忙忙地去找丘吉尔，而丘吉尔正在洗澡，罗斯福便迫不及待地在浴室门口大声对着浴室里的丘吉尔喊道："亲爱的温斯顿，我终于想到了，你看《联合国宣言》怎么样？"

丘吉尔听后非常高兴，从漂满香皂泡的浴缸里跳出来，像孩子似的拍着白胖胖的肚皮叫道："太好了，真是太好了！"

就这样，罗斯福的自发灵感作出了伟大的贡献。到了 1945 年联合国成立的时候，也沿用了这一名称。

故事解析

创意意识是创造型人才所必备的条件，而培养创造型人才的起点，就是创意意识的培养和开发。要求我们具有创意意识，实际上是要我们改变传统的思维方式，改变传统的提出问题、思考问题的方式。在这个多变的时代，如果做不到这一点，即便拥有了最新的知识也有可能在激烈的竞争中被淘汰。

有句话说“今天你如果不生活在未来，那么明天你将生活在过去。”这绝不是危言耸听，在新的时代，由于新旧事物更替速度倍增，我们的思维方式也一定要顺应形势的需要，多用异样的眼光去审视身边的各种事物，多从不同的角度去观察，这样我们才不会被时代抛在后面。

故事穿越

日本有一家独立公司是专为伤残人设计和生产服装而设立的，赢得过消费者的一致好评。这家公司的老板名叫木下纪子，她过去曾管理过两个室内装修公司，并且小有名气。可惜的是，正当她在选定的道路上迅速发展的时候，不幸降临到了她的头上，她突然中风，半身瘫痪了，连吃饭穿衣都难以自理。

当她从极度的痛苦中摆脱出来，开始清醒思考的时候，她问自己：“这辈子难道就这样了结了吗？不！必须振作起来。”穿衣服虽说是一件小事，但那是对于正常人而言的，对于她这样一位残疾人，穿衣服会变得格外困难。她在想：难道这世上就不存在一种供伤残人容易穿的衣服吗？就这样，一个新的念头悄然而至，使她顿时兴奋起来。

木下纪子忘记了自己的痛苦，甚至忘记了自己是一个左半身瘫痪的人。她根据自己的设想，加之以往管理的经验，办起了世界第一家专门为伤残人设计和生产服装的服装公司——独立公司。“独立”这个字眼不仅向人们宣告伤残人的志愿和理想，同时也说出了木下纪子自己的心声：她要走一条独立自主的生活道路。

木下纪子根据残疾人的特点及心理，设计出了适合伤残人穿的服装。独立公司开张后的生意日益兴隆，有时一个季度的服装销售量就达到了5万多美元。由于她事业上的成功，在日本这个以竞争著称的国家，竟得到了10家不同行业的支持，木下纪子还准备把她的产品打入国际市场。她的这一计划不仅得到了日本政府的支持，同时还得到了外国友人的帮助，她和一家美国同行组成了一个合资公司。

木下纪子为公司的发展呕心沥血，走过了漫长而又艰辛的岁月。她曾经向一位来访者说过：“为伤残人生产产品固然重要，改变伤残人的形象则最为重要。尽管我们的身体有了残缺，但我们的精神依然是完好的。我所做的就是想让人们看到我们伤残人不但生活得非常有朝气，而且也同样是生活中的强者。”

故事微语

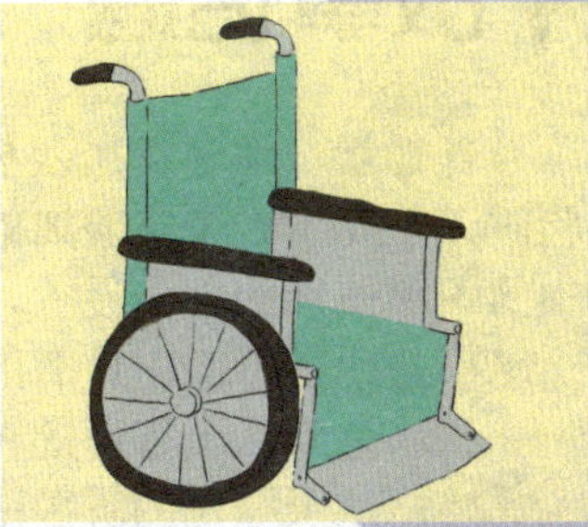

从木下纪子成功的事例中可以看出，一个人即便是身有残疾，只要不断地激励自己，仍旧可以获得成功。

多数人都或多或少存在一种习惯性的思维，习惯于依据已有的知识，按常规方法去思考问题。当出现与已有知识相矛盾的新理论时，就会感到不以为然，体现不出强烈的批判精神，所以贝尔纳有句名言说：“构成我们学习的最大障碍是已知的东西，而不是未知的东西。”这告诉我们，创意者在从事创意活动时要警惕，不要受“已知”的束缚，要摆脱传统观念和习惯思维方式的影响，以保持独立思考能力和批判的革新精神。

一个人的创意能力是否强大，不仅与知识经验有关，还跟其“问题意识”的强度和明晰程度有着更为密切的关系。所谓“问题意识”，就是指人的一种“刨根问底”的精神，一种革新的批判精神。“问题意识”也是萌发创意思想的前提之一，是创意的起点。用科学的批判眼光去看待各种事物，才可以不受传统观念的束缚，跳出这种条条框框，人们才能找到自我，实现理想。

心灵箴言

凡能独立工作的人，一定能对自己的工作开辟一条新的路线。

——吴有训

不要害怕持有古怪思想，因为现在接受的每个观点曾经都是不可思议的。”

——[英] 伯特兰·罗素

对于一个艺术家来说，如果能够打破常规，完全自由地进行创作，其成绩往往会是惊人的。

——[英] 卓别林

满怀热情地相信那些不存在的事物，我们就会创造出它们。不存在之物是我们不渴望的事物。”

——[希腊] 尼科斯·卡赞扎基斯

胸怀宽广些，接纳更多创意元素

故事话题

青霉素，学名盘尼西林，是英国生物化学家弗莱明发现的。他在做实验时，培养了一个实验皿的细菌。但是这个实验并没有成功，因为实验皿中的细菌被别的细菌侵入，长成了绿霉。通过仔细观察，弗莱明注意到这个绿霉杀死了器皿中原有的细菌。

在注意到这个霉菌的杀伤力之后，弗莱明经过分析、判断，终于找到了灵感：这个绿色的霉菌中，包含着可以杀死葡萄球菌的物质。在得出这个结论后，弗莱明把盘尼西林从霉菌中分离了出来。

在弗莱明之前，有很多科学家报告过霉菌杀死细菌这个事实。但是，由于他们没有找到灵感，没有形成创意的意识，所以没有找到突破口，没能发现盘尼西林。

故事解析

灵感，就是形成创意意识的那一瞬间，人脑中出现的反映，具有新颖性和突破性。从心理学的角度来看，灵感是人的精神与能力之特别充沛的状态，是浓厚情绪的充沛状态。这种状态保持着创意意识的高度明确、创意对象的注意力高度集中，以及创意过程的情绪高度专一。

灵感是一种复杂的心理现象，是思维活动中由思想集中、情绪高涨而表现出来的创意能力。当灵感突然来临的时候，仿佛一个不速之客，神秘莫测。灵感可以使你在创意道路上发现奇迹，它的表现形式多种多样，是人脑对信息加工的产物，是人们认识事物的一种质变和跨跃。由于它对信息加工的形式、途径和手段的特殊性，以及思维成果表现形式的特殊性，使它变得更加复杂和扑朔迷离，令人振奋。

你可以尝试在灵感到来时，放下手边的事，立即捕捉它。富有创意力的人都宣称，他们的灵感通常是在入睡之前，或者刚睡醒时产生的。他们所说的话是有科学依据的，创意力和脑波阈有关，而脑波阈控制着人熟睡前这段时间的意识知觉。

不妨将便纸条、录音笔放在床边，以便灵感来时能尽快记录下来。即使睡意正浓，也别懒于起身整理突如其来的构思，这样所得到的回报，将远远超过加班加点致使睡眠不足所获得的收获。

故事穿越

现代物理学的奠基人爱因斯坦并不是一个天资聪慧的人，他 4 岁才学会说话，上学后老师给他的评语是“脑筋迟钝、不善交际、毫无长处”，并轻蔑地称他为“笨蛋”。等他勉强上了高中，学习成绩也一直是班里最差的，以至于后来，爱因斯坦索性被开除了学籍。但这一切都没有将他击垮，他毅然决然选择坚持。

后来，他的伟大巨作《相对论》问世，这部成名之作完全是靠他丰富而扎实的知识，和一念之间的灵感所完成的。

无独有偶，大发明家爱迪生小时候也是全班学习成绩最差的一个。因为他长了个“偏头”，所以老师曾带他到一个著名医生那里作过检查。医生诊断后，煞有介事地说：“里面的脑子也坏了。”然而这位世界闻名的大发明家说：“自己的伟大创意都来自于自己的灵感——如果脑子坏了。”

故事微语

我们的大脑有着完美的想象力，能将现实的生活转变为不可思议的美好景象。西方有一位被称为奇异之才的工程师，叫泰斯拉。据说，他拥有一种不可思议的能力。

比如，他只凝视一张张画满零件数据的设计图纸，就可以在自己的头脑中浮现出一台已经装配完整的机器形象，甚至能细微到每一个小螺丝都清晰可见。即使设计中出现错误，他也可以在头脑中运行检验，并指出错在哪里。泰斯拉非凡的形象化思维能力，在于他能把所有的客观因素都转化为自己头脑思维的因素。

丰富的想象力能活跃人的大脑，拓宽思路，让思维更具弹性。它有可能会把你带进一个意想不到的境界中，从而使你获得更大的思维动力。正如莎士比亚在《哈姆雷特》中讲过的："你就是把我关在胡桃盒子里，我也是无限想象空间的君主。"

心灵箴言

创造力会感染的。传递下去。

——[美] 阿尔伯特·爱因斯坦

创造力产生的条件是：感到困惑，专注，接受冲突和压力，每天重生，感到真正的自我。

——[德] 埃里克·弗洛姆

创造力的一个矛盾的说法似乎是：为了有自己原始的思想，我们又必须熟悉别人的思想。

——[美] 乔治·奈勒

教育的基本目标就是培养具有创造新事物能力的人，他不是简单地重复别人做过的事，而是具有创造性，擅于发明的发现者。

——[瑞士] 让·皮亚杰

第三篇

积累元素，一点点地开发想象空间

创意思维是人类特有的高级思维活动，是成为各种出类拔萃人才必须具备的条件。即使遗失了与生俱来的创意思维，我们也可以通过运用心理学上的自我调节，有意识地在各个方面认真思考和勤奋练习，重新将创新思维找回来。卓别林说过：“和拉提琴或弹钢琴相似，思考也是需要每天练习的。”

成功人士的成功在于他们积累了一定的知识与经验以后，再将其创意思维通过超常的想象力而迸发出来，形成一种发明或者创意，而这种发明或者创意又极大限度地满足了许多人在物质上的或精神上的需求，于是，他们成功了。

伟大的创意来自于超前意识

故事话题

某著名公司正在招聘业务经理，丰厚的薪水和各项福利待遇吸引了数百名求职者前来应聘，经过一番初试和复试，剩下了 10 名求职者。

主考官对这 10 名求职者说："你们回去好好准备一下，一个星期后再来，到时本公司的总裁将亲自给你们面试。"

一个星期之后，那 10 名求职者做足了准备再次来到这家公司。结果，一个其貌不扬的求职者被顺利录用了。

总裁问这名求职者："知道你为什么会被留用吗？"

这名求职者老实地回答："不清楚。"

总裁说："其实，你不是这 10 名求职者中最优秀的。他们做了充分的准备，比如时髦的服装、娴熟的面试技巧，但都不像你所做的准备这样务实。你用了一种超常规的方式，对本公司产品的市场情况及别家公司同类产品的情况作了深入的调查与分析，并提交了一份市场调查报告。你没被本公司聘用之前，就做了这么多工作，不用你又用谁呢？"

故事解析

创意意识是创造型人才所必须具备的，培养创造型人才的起点是创意意识的培养和开发。伟大的创意来自于超前意识，要求一个人具备创意意识，实际上是要求这个人转变传统的思维模式，用新的角度来提出问题和思考问题，用超前的眼光来看待前方的道路。在这个多变的时代里，如果做不到这一点，即使拥有了最新的知识，也有可能在激烈的竞争中被淘汰出局。

有句话是这么说的，“今天你如果不生活在未来，那么明天你将生活在过去。”这绝不是危言耸听，在这个日新月异的时代，新旧事物更替速度倍增，我们的思维方式也需要顺应形势的发展，对各种事物多用质疑的眼光去审视，多从不同的角度去观察，这样我们才能跟上时代的步伐，做最好的自己。

故事穿越

公元 119 年 2 月，中原地区发生了一场强烈的地震，人员伤亡损失惨重，这件事激起了张衡内心的波澜。在他生活的年代里，国内发生过多次地震，张衡不止一次地思考过这个问题，并且搜集这方面的材料，他决定自己制造一台地震仪。

在搞研究的日子里，张衡废寝忘食，甚至连走路的时候也在不断思考。一天，他乘马车外出，走着走着车夫突然来了个急刹车，张衡险些被甩出车外。这件事给了他很大启发：地震发生在一瞬间，如果有办法抓住这一刹那的震动，并应用到地动仪上，一切问题就迎刃而解了。

他在仪器中悬挂着一根铜棒，只要受到轻微震动，铜棒就会摆动起来。回家后，张衡边做实验边画草图，渐渐地，他的书桌上就堆满了图纸，而他自己也消瘦了一大圈。

一天晚上，张衡终于画好了设计图的终稿。在灯光下，他再一次推敲了图纸上的每个细节，然后像往常一样请工匠师傅们提意见。多次修改后，他先用木头做了个模型，最后才交付工匠开工铸造。

公元 132 年，地动仪正式问世，通体椭圆形，高约 4 尺，直径 2 尺 6 寸。四周的铜壁上刻着篆文，铸有 8 条倒伏着的铜龙，按照东、东南、南、西南、西、西北、北、东北 8 个方向依次排列，每条龙的嘴里都衔着一枚铜球，每个龙头的正下方都蹲着一只张着嘴巴的铜蟾蜍，哪个方向发生了地震，相应的龙头就会吐出铜球，落到下边蟾蜍的嘴里。

公元 138 年，地动仪准确地测报出甘肃地区发生的地震，它利用地震波测报地震，开辟了古代世界地震学研究的新纪元。

故事微语

地动仪的发明就是源于一种超前意识，在灾难来临之前预测到它的威力，就能够使人们有足够的时间做准备。世界上的许多发明创造往往都起源于小小的感悟和触动，只有认真观察和思考，才会在科学研究上突飞猛进，大有作为。

创意力是人人都有的一种潜能，通常表现为一种特殊的洞察力，他们往往能发现新颖的、未加工的、具体的、有个性的东西，正如有些人习惯于注意一般的、抽象的、已经定型成规的东西一样。

有些人总是消极地适应社会环境，墨守成规，在不知不觉中埋没了自己的创意潜能；而有些人则倾向于求变创新，所以能够得到更多展示自己创意的机会。由此可见，积极向上的心态是创意产生的动力，与人们自身拥有的成就无关。

心灵箴言

但凡实际接触过科学研究的人都知道，不肯超越事实的人很少会有成就。

——[英] 赫胥黎

在自然科学中，创立方法，研究某种重要的实验条件，往往要比发现个别事实更有价值。

——[俄] 巴甫洛夫

想象力比知识更重要，因为知识是有限的，而想象力概括着世界上的一切，推动着进步，并且是知识进步的源泉。

——[美] 爱因斯坦

抓住因梦想而来的创意来源

故事话题

1839 年冬天，固特异不畏严寒地在实验室里忙碌着。一次，他不小心将实验用的橡胶掉到了桌下的硫磺上，不一会儿功夫，硫磺就渗入到橡胶内部，难以除去。固特异沮丧地叹息道：“这下算白干了，干脆扔掉算了。”但转念一想，扔掉太可惜，于是随手把这块橡胶放在桌上。这时碰巧桌旁的炉火烧得正旺，室内的温度很高。

又过了一会儿，固特异开始清理物品准备离去。他无意中摸了一下放在桌上的那块橡胶，惊奇地发现橡胶居然有了非同一般的弹性，固特异的心不禁猛跳起来。他冷静了一下，用手把橡胶拉长，但不论他用多大力气，橡胶都没有被拉断。相比以前的橡胶，简直如同米糕，稍稍用力拉扯就会一分为二。

当晚，固特异又将这块橡胶钉在门外，让它经受零下二三十摄氏度低温的考验。第二天清晨，固特异跑去看结果，这块橡胶仍然性能优异。极度的兴奋和激动使这位坚强的发明家热泪盈眶，他情不自禁地高呼：“我终于成功了！”

为了彻底掌握硫化橡胶的性质，以及添加剂硫磺的添加比例、硫化温度、硫化时间对其的影响，固特异又经历了几年的奋斗，终于在 1845 年取得了硫化橡胶的专利权。1855 年，固特异带着他的硫化橡胶产品参加了巴黎博览会，五光十色的橡胶制品赢得了各界人士的交口称誉。

今天，橡胶工业已经发展成为一个包罗万象的工业部门，门类齐全、品种繁多。但是不管什么橡胶，都得经过“硫化”这道工序的处理。抚今追昔，人们不可忘记固特异的丰功伟绩。

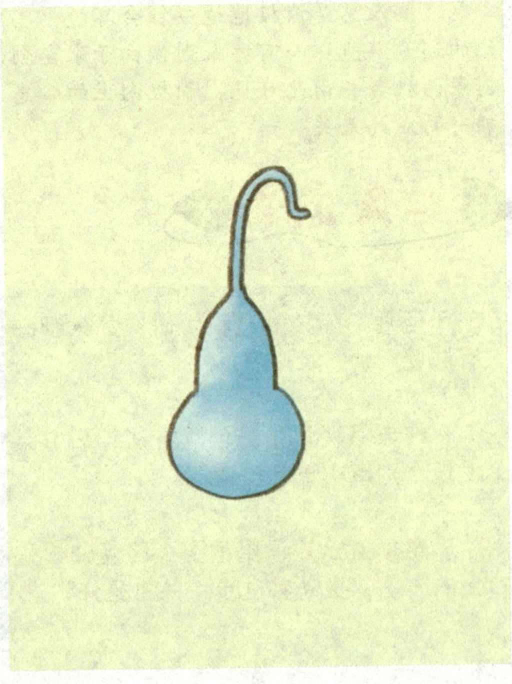

AHOY!
S.S. HAPPY

故事解析

固特异牢牢抓住因梦想而来的创意进行反复研究，才使他发现了硫化橡胶，为后世做出了巨大贡献。科学创意有赖于机遇，却不能靠侥幸，也不能凭运气去瞎碰，应当培养敏锐的洞察力，掌握丰富的准备知识。简单地说，就是需要我们时刻做好思想准备，对客观事件的进程和丰富多彩的现象时刻保持警觉，一旦机遇出现，就要紧紧抓住它，这样才能把握实现梦想的主动权。

在任何情况下，事件的进程本身对于认识的增长就是决定性的，当人们回顾那些导致伟大而深刻发现的机遇时，事实上已经阐明了机遇所具有的意义，但在发现之初，能认出机遇并把它抓住，却是很不容易的。所以我们在作前瞻性研究时，应当做好准备，有意识地利用机遇，抓住这个创意的来源。

故事穿越

英国麦克斯亚州的法庭上，曾发生过有趣的一幕：一位中年妇女声泪俱下，面对法官，严词指责丈夫有了外遇，要求和丈夫离婚。她对法官控诉了自己的丈夫，指责他不论白天还是黑夜，都要去运动场与那“第三者”见面。法官问道：“你丈夫的‘第三者’是谁?”她大声地回答：“‘第三者’就是臭名远扬、家喻户晓的足球。”

面对这种情况，法官啼笑皆非，不知如何是好，只得劝这位中年妇女说：“足球不是人，你要告也只能去控告生产足球的厂家。”不料，这位中年妇女果真向法院控告了一家年产20万只足球的足球厂。

更让人意想不到的却是这家被人控告到法庭上的足球厂，他们在接到法院的传票后，不怒反喜，竟十分爽快地出庭，并主动提出愿意出资10万英镑作为这位中年妇女的孤独赔偿费，这位太太破涕为笑，在法庭上大获全胜。

由于英国是现代足球的发祥地，国人对足球的酷爱几乎达到了发狂的地步，这场因足球而引起的官司自然在全英国产生了巨大的轰动效应，新闻媒体纷纷出动，做了大量的报道。

故事微语

头脑精明的经理，敏锐地利用了一次偶然事件，甚至可以说是一件非常糟糕的事情来大做文章，没花一分钱的广告费，就让他和他的足球厂名声大振，闻名遐迩。

这位足球厂经理在接受记者采访时说：“这位太太与其丈夫闹离婚，正说明我们厂生产的足球魅力之大。并且她的控词为我厂做了一次绝妙的广告。”后来，这家足球厂的产品销量直线上升，获利颇丰。

拿破仑认为：“比对手早到5分钟抢占制高点，才能无往而不胜。”曾经为这家足球厂打抱不平的人事后才意识到付出的10万英镑是非常值的。英国这家足球厂非常巧妙地利用原本自己吃亏的控诉，让自己反败为胜，赚取了不菲的利润，正是因为抓住了创意的来源。

心灵箴言

凡能独立工作的人，一定能对自己的工作开辟一条新的路线。

——吴有训

科学研究基于同一法则，即一切事物的产生取决于自然规律，这也适用于人们的行动。

——[美] 爱因斯坦

企业的成败在于能否创新，尤其是当前新旧体制转换阶段，在企业特殊困难时期，更需要有这种精神。

——黄汉清

做一个想象力丰富的人

故事话题

牛顿在院子里的苹果树下读书，突然从树上落下一只熟透的苹果砸在了他的头上，正在研究天体运行的牛顿灵光一闪：苹果脱离树枝后没有飞到天上去，也没有横向运动，而是重重地落在了地上，这说明地心存在吸引力。

牛顿又回想起儿时村里的孩子喜欢玩一种叫投石器的游戏，就是用一小块皮带，在两端各系上一根绳子，玩的时候把小石子包在皮带里，用右手绕着一根绳子的末端，同时捏住另一根绳子的末端，然后挥动绳子使劲旋转，等到转得最快的时候松开捏着的那根小绳子，石子就会被抛出去。会玩的孩子可以把小石子抛得很远，村里有的孩子能摆动一小桶牛奶，很快把它从头顶上转过去，而牛奶却不会洒出来。

这种把石子控制在投石器中，把牛奶保持在小桶里，还让苹果落地的力量究竟是什么呢？牛顿认为这一定是某种“力”在起作用。想着想着，他就把这些现象同天体运动联系起来，进行对比。牛顿假定月球是投石器的石子，地球是孩子们的手，那么，什么又相当于绳子呢？苹果落地之类的自然现象，不是已经一再证明地心有吸引力吗？所以，吸引力或者重力就可以与绳子相比了。

通过研究对比，牛顿断定，月球之所以绕地球运行，地球和其他行星之所以绕太阳运行，是因为它们之间相互有吸引力。结论有了，证明呢？这需要进行计算，精确地计算有关天体的直径、质量、距离、轨道和速度。

早先，牛顿观测天体运动，用的是当时的折射望远镜，影像模糊。经过反复试验，牛顿于 1668 年创制出了世界上第一架反射望远镜，放大率达到 40 倍，物像异常清晰，能清楚地看到木星的卫星。牛顿利用这架望远镜，考察行星运动、解释潮汐现象、预言地球不是正球体、说明岁差现象等。

1672 年，牛顿根据法国科学家皮卡尔的测量数值，算出了月球的转速与月球的真实轨道相一致。按此算出的月球的向心加速度与地面上的物体重力加速度的比，正好等于地球半径的平方与月球到地心距离的平方比，这与他的推论相符合。

故事解析

牛顿的故事告诉我们，只有想象力丰富且勇于提出质疑的人才有机会发现“新大陆”，而一味地模仿只能创造劲敌，还会使你的心灵枯竭，没有动力，从而阻碍你取得成功，干扰你的进一步发展。

同样的道理也可以用在当今社会的职场上，同样的一个创意、一条新路，第一个走的是天才，第二个走的是庸才，第三个走的是蠢材，第四个走的就要进棺材了。不懂得思考会使人迷失方向，不论是工作中还是生活中，我们都要尝试走自己的思路，不要总是寻找别人的脚印，走别人没有走过的路往往更容易成功。

真正的智者是高耸的山川，扎根于脚下坚实的土地，他们独立又执著地向着高远的天空进发，并且始终保持遗世而独立的姿态，在无人企及的心的高度他们摘取了智慧的果实。孔子说：“三人行，必有我师焉。”屈原发出“问天”的猜想，孟浩然看到“人事有谢代，往来成古今”；李白洞察世事后发出感慨“世上贤者皆寂寞，惟有饮者留其名”；柏拉图认为“不知道自己无知，乃是双倍的无知”；尼采呼唤出了“超人”；巴尔扎克得出“傲慢是一种得不到支持的尊严”等等，这些智者们正因为从不随波逐流才读透了人生的智慧。他们的独立之心就是他们的生命，像太阳一样，悬于中天，不需霞光的映衬，也没有云彩的映衬，他们把内心独特的能量播撒向大地，为人类的内心打扫出一片光亮。

故事穿越

300多年前的一天清晨，一位园丁走进波义耳（英国化学家、物理学家）的书房，将一篮非常好看的紫罗兰摆放在屋角里。美丽的花朵和扑鼻的清香使波义耳感到心旷神怡，他随手拿了一束花就向实验室走去。

实验室里，助手正在倒盐酸，波义耳便把花放在桌子上，赶过去给助手帮忙。淡黄色的液体在滚滚冒烟，由于飞沫溅到花上了，紫罗兰也冒起烟来。多可惜呀！把这么好的花毁了，得赶快冲洗一下，波义耳将花放进水杯里，过了一会儿，奇怪，紫罗兰变成了“红罗兰”。

这惊奇的发现立即触动了科学家那根敏锐的神经：“盐酸能使紫罗兰变红，其他的酸能不能使它变红呢？”当即，他和助手分别用不同的酸液试验起来。试验的结果，不仅是盐酸，而且是各种酸都能使紫罗兰变红。

酸能使紫罗兰变红，那么，碱能否使它变色呢？紫罗兰能变色，别的花能不能变色呢？由鲜花制取的浸出液，其变色效果是不是更好呢？经过一连串的思考和实验，很快证明了许多植物花瓣的浸出液都有遇到酸、碱改变颜色的性质。变色效果最明显的要数地衣类植物——石蕊，它遇酸变红，遇碱则变蓝。波义耳就把石蕊加工制作成一种酸碱指示剂，这是世界上最早的一种指示剂，至今虽有300多年的历史了，但在化学上还在广泛使用。

一束普通的鲜花，一次偶然的机会，孕育了一个重大的发现——酸碱指示剂的发现。

故事微语

这是一个巨变的时代。巨变时代瞬息万变，你必须有良好的应变力。这些应变力即是你人生的极大创意所在。

创意依附于头脑所创造的可能性，最无限的可能性源自于生命。如果你的生活在这个变化的时代中显得无力，也请保持对生命的希望。希望是梦想最初的投资，有了希望生命才能创造可能。

请每天给自己一个希望，希望能够使我们淡忘自己的痛苦，为我们汲取继续走向成功的力量。那些有意识倾注了坚定决心的决定，就更能让我们决定发展的方向。

心灵箴言

一个具有天才的禀赋的人，绝不遵循常人的思维途径。

——[法] 司汤达

我们要记着，作了茧的蚕，是不会看到茧壳以外的世界的。

——李四光

有了精神的实验和观测作为研究的依据，想象力便成为自然科学理论的设计师。

——[英] 廷德尔

想象力比知识更重要，因为知识是有限的，而想象力概括着世界上的一切，推动着进步，并且是知识进步的源泉。

——[美] 爱因斯坦

让大脑勤快一些，创意不停歇

故事话题

牛黄是一种珍贵的药材，但是天然牛黄只能从屠牛场上偶然得到，数量极少，所以许多医药单位都想方设法来探索解决牛黄不足的问题。

广东海康药品公司的员工在研究中发现了牛黄的形成过程：牛胆囊里混进异物，然后以它为核心的周围凝聚了许多胆汁的分泌物，日积月累逐渐形成了牛胆结石。由此他们想起了河蚌育珠也是由沙子进入蚌内，由蚌分泌出黏液将沙子包住而形成的。既然河蚌能经过人为的插片培育出奇光异彩的珍珠，难道就不可以给牛接种异物，培养出珍贵的牛黄吗？他们从河蚌育珠的方法得到启示，对牛施行外科手术，在牛的胆囊里埋入异物。

一年过去了，他们果然从牛的胆囊里取出了结石。这种人工结石和天然牛黄一模一样，试验就这样成功了。

故事解析

人造牛黄的成功是旺盛想象力的结果。旺盛的想象力是能培养创意心智机能的一种思维活动，它不同于思考，而是思考的一种延伸，是由此及彼的思考。

一个人如果不能保持旺盛的想象力，只是学一点是一点，那么他的知识面就会是零碎的、独立的、有限的。如果你保持旺盛的想象力，知识就会由一个点逐渐扩散成很多面，使这一点活化起来。举一反三、闻一知十、触类旁通，以至于最后会产生知识的飞跃，出现创意灵感，开出智慧的花朵。

故事穿越

日本有个名叫鬼冢八郎的人。一次朋友聚会时他听朋友说："今后体育大发展，运动鞋是不可缺少的。"一句非常普通的话引起了鬼冢八郎的思考，深思熟虑后他决定加入生产运动鞋的行业。

他认为，如果要在运动鞋制造的行业中获得成功，就必须做出其他生产厂家没有的新型产品。但是因为刚刚起步，没有研究人员，又缺乏资金，所以他不可能像实力雄厚的企业那样投入大量的人力和资金去开发研制新产品。他没有被现实击垮，而是考虑所有的商品都不是完美无缺的，如果能抓住哪怕是很小的缺点进行改革，也一定能研制出新的产品来。于是他真的选了一种篮球运动鞋来进行研究。

他首先访问了篮球运动员，请他们谈谈目前篮球鞋存在的缺点。结果几乎所有的篮球运动员都说："现在的球鞋走路不稳，容易打滑，这样会严重影响投篮的准确性。"而且，他还跟运动员一起打篮球，深刻体会到球员们提出的这一缺点。后来，他便开始围绕篮球运动鞋容易打滑这一缺点进行改进。

一天，他在吃鱿鱼时忽然看到鱿鱼的触足上长着一个个吸盘，他灵机一动，想到如果把运动鞋底做成吸盘状，不就可以防止打滑吗？于是按照这种想法，他就把运动鞋原来的平底改成凹底。

试验结果证明：这种凹底篮球鞋比平底的在走路时要稳得多。后来，鬼冢发明的这种新型凹底篮球鞋问世了，得到了市场上消费者的认可，并逐渐排挤了其他厂家生产的平底篮球鞋，成为独树一帜的新产品。

故事微语

很多时候人们往往不愿意去主动发现事物的缺点，所以无形中会丧失每个人原有的创意机会。而与此相反的一部分人能对习以为常的事物“吹毛求疵”，勇于提出事物的缺点，这样一来情况就会大不一样。

其实任何东西都存在一定的缺点，人们一旦从中找出缺点，就有机会找出克服缺点的办法，最终采用新方案进行革新，就能够创意出新成果来。

心灵箴言

每一个时代都是靠幻想养育的，以免人们过早地放弃生活，使人类走向死亡。

——[英] 康拉德·约瑟夫

在自然科学中，创立方法，研究某种重要的实验条件，往往要比发现个别事实更有价值。

——[俄] 巴甫洛夫

今天比以往任何时候都更需要幻想、梦想和预言，即对潜在的明天的想象。一些世界上最大、最铁石心肠、曾经是现在主义的化身的公司今天却雇佣直觉的未来学家、科幻作家和幻想家作顾问。

——[美] 托夫勒

美好的愿景是发动想象的动力

故事话题

日本横滨有一位妇女的儿子生病住进了医院。一次，她在给儿子喂牛奶的时候发现孩子坐起来喝奶时非常困难。这时她的脑海里闪过一个想法：“为什么不能让他躺着喝牛奶呢？”

从那以后，她一有时间就研究这个问题。开始她买了一根橡胶管来做吸管，橡胶管虽然可以随意弯曲，但是有异味，而且使用后不容易清洗。于是她又开始思索其他的办法。

有一天，她在用自来水的时候，水笼头上的一种可以随意弯曲的蛇形管触动了她，她想为什么不用它来做吸管呢？有了这个念头，她于是立刻取出纸和笔绘制了一幅蛇形吸管的草图，后来这种蛇形吸管由一家工厂生产出来并且投入了市场，很快就成为一种畅销产品。

故事解析

面对身边诸多的事物以及观念，我们需要为自己展开创意思维活动，充分地发挥我们的想象力。我们在自觉地做一件事情时，心中需要有一个明确的目标。目标是创意的先决条件，没有方向的创意是没有意义的，所有思维和行动都需要围绕一个正确的方向全面展开。

面对众多的事物或观念，我们的头脑首先要围绕目标对它们进行筛选，选取与目标相关的若干对象进行深入细致的思考。这样，原本数量庞大的可供思维的外界对象就变成了数量有限的对象了。

这样一种简单的道理很多人都还没有意识到，在这些人的眼光中，这个世界上的东西绝大部分都已经完美无缺，没有改进的必要。他们认为椅子就是椅子，设计椅子就不必考虑桌子的问题。当我们能够打破这种狭窄的目光，而把更多的事物和现象纳入我们思维的时候，新奇的创意便会自然地浮现出来。

故事穿越

宋代有一位著名的大慧禅师，门下有位弟子道谦，参禅多年，却始终无法开悟。一天晚上，道谦诚恳地向师兄宗元诉说自己不能悟道的苦恼，并且请求宗元帮忙。

宗元说：“我能帮你的，当然乐意之至，不过有三件事我无能为力，你必须自己去做！”道谦连忙问：“是哪三件？”

宗元说：“当你肚饿口渴时，我的饮食不能填饱你的肚子，我不能帮你吃喝，你必须自己饮食；当你想大小便时，你必须亲自解决，我一点也帮不上忙；最后，也是最重要的一点是，除了你自己之外，谁也不能驮着你的身子在路上走。”

道谦大悟，因为他感到了自我的力量，也决定善用自己的力量。

故事微语

想象力是需要自己自由发挥的，怀着美好的愿景展开思维的翅膀就是打开了你思维的天线，应当任它自由翱翔而不受任何现实的约束。

在创意诞生的初级阶段，设想越是天马行空越好。不要怕被人笑话，也无需在想法被应用之前考虑其优越性，真正有创意的人是先让想象力自由驰骋，然后再回到现实中去，让自己的思维既能放得开，又能收得起。

著名科学家爱因斯坦曾说：“想象力比知识更重要，因为知识是有限的，而想象力概括着世界的一切，推动着进步，并且是知识进化的源泉。”他之所以能研究出“狭义相对论”，是因为他在儿时就幻想自己同光线赛跑，而世界上第一架飞机也是由于人类想飞上天空的幻想得来的，所以幻想是创造的重要前提，适当的幻想能引导人们发现新事物、作出新努力、新探索和创造性的劳动。

心灵箴言

旧故以想象兮，长太息而掩涕。

——屈原

在所有人当中，儿童的想象力最丰富。

——[英] 麦考莱

但凡人能想象到的事物，必定有人能将它实现。

——[法] 儒勒·凡尔纳

现实的世界是有限度的，想象的世界是无涯际的。

——[法] 卢梭

第四篇

勇敢畅想，不敢冒险就没有绝处逢生

创意精神是表现在强烈的创意动机上的。要解决问题首先就要发现问题、大胆提出问题，不敢冒险尝试就没有绝处逢生的机会。

创意活动的起始点就是我们提出的问题，用附有创意的思想解决问题才是产生新成果的必经之路。人类文明的进化史也就是一部在科学、技术、文明领域中不断提出问题解决问题的历史。

对未知事物进行大胆猜想

故事话题

一位名叫谢皮罗的美国教授在浴盆里洗完澡后拔下澡盆的活塞放水，水流在排水口形成了向左旋的漩涡，这件不起眼的事引起了他的好奇。他又拿其他器具做实验，并且观察河流中的漩涡，结果发现它们都是向左旋的。

教授思考中联想到这种现象或许跟地球自转的方向有着密切的关系，后来经过调查发现，南半球国家孔道水流的漩涡是向右旋的，而赤道地区的孔道水流并不形成漩涡。这位教授最终总结出了孔道流水的规律，提出了一种新观点，在研究台风等方面具有实用价值。

故事解析

从上述故事中我们得知，当我们的头脑只思考一个问题或者一件事物时，也同样面临着许多可供参考和研究的对象。因为实际事物总是以这样或那样的方式相互联系着、制约着。

比如说今天某人喝醉酒了，除了要考虑酒的问题（度数太高、数量太大），还要考虑菜的问题（是否解酒），还要考虑自己的身体状况、精神状态，还有喝的时间等因素。从追根究底的观点来看，造成一次醉酒的因素其实是无穷多的。

而对于科学领域，某一个奇异现象的背后也有可能接连发现很多令人意想不到的原理，而这些原理归根结底是人类现有的科学知识能够解释的。比如故事中的例子，教授发现的现象是水流漩涡根据不同地域向左或向右转，最后证明出的原理则是牛顿已经发现并证明过的地心引力。而在他得出这个结论之前就有了这个方向的猜想，使得他的研究一直都是朝着正确的方向进行，所以我们在自己的领域中不要畏首畏尾、害怕出错，要勇于大胆猜想跟尝试，哪怕最终会自己推翻自己，也是有意义的。

故事穿越

遗传学经典理论认为自花授粉的植物没有杂交优势。按理说，水稻是雌雄同花的植物，也没有杂交的优势。但袁隆平却不这么认为。他在试验田里发现了一兜形态特异的水稻植株，有十多个穗头，每个穗头有壮谷一百六七十粒，便把它留作稻种，第二年播种到试验田里。但长出的第二代却很平常，显然已分离退化了。

后来他又想，从遗传学的观点看，纯种水稻品种的第二代是不会有分离退化现象的，只有杂交第二代才会出现分离退化现象。去年发现的这株可能是“天然杂交稻”。天然杂交稻长势这么好，说明水稻也存在着明显的杂交优势现象，既然自然界存在着天然的杂交稻，只要探索出其中的规律就一定能够培育出人工杂交水稻来。

之后的 6 年，他又用了 1000 多个品种做了 3000 多个杂交组合试验，结果都不理想。后来他深入海南寻找雄花不育的天然野生稻，采用远

缘的野生稻品种与栽培稻种进行杂交，终于获得成功。

这一发现突破了传统经典遗传理论的禁区，实现了水稻育种的历史性突破。自从推广种植杂交水稻以来，国内水稻已累计增产3500亿千克，每年可以多养活6000万人口。他为此获得了中国第一个特等发明奖和2001年首届国家最高科学技术奖及500万元奖金，还获得了8个国际大奖。国际上甚至有人称他的发明是继中国人的四大发明之后的第五大发明。

故事微语

每个人从出生、上学，到工作都在进行着再造想象，而只有少数的人才在昨天再造想象的基础上找到了属于自己创意想象的空间，所以他们成了科学家、发明家、艺术家、文学大师，而这绝不是偶然的，因为他们知道“昨日之日不可留”。

想象是一切创意活动的基础，郭沫若逝世前不久曾语重心长地说：“有幻想才能打破传统束缚，才能发展科学，科学工作者们，请你们不要叫想象让诗人独占了。”

心灵箴言

若无某种大胆放肆的猜想，一般是不可能有知识的进展的。

——[美] 爱因斯坦

才能是来自独创性。独创性是思维、观察、理解和判断的一种独特的方式。

——[法] 莫泊桑

生命之所以宝贵，不在于它只有一次，而在于每个人都有自己独特的轨迹。

——毕淑敏

用思想去战斗，而不应受思想的束缚而裹足不前。每人都有其独特的思维方式。

——[古罗马] 菲德鲁斯

很多事情都在等你去独辟蹊径

故事话题

詹姆·菲尔德给朗费罗讲了一个故事：有一天，霍桑与朗费罗共进晚餐。霍桑带来一个来自塞勒的朋友。饭后，他的朋友说：“我一直都试图说服霍桑写一部有关阿卡迪亚传说的小说。故事的梗概是这样的，在阿卡迪亚人四散逃离时，一个女孩儿与她的恋人被冲散了。她毕生都在等待寻找她的恋人，等到她鹤发童颜，她终于找到了她的恋人，却发现他已经在医院里去世了。”

听完这个故事后，朗费罗感到很奇怪，心想为什么霍桑没有想到以此为素材写一部小说呢？他转向霍桑问道：“如果你不打算以此为素材构思一部小说的话，你能不能让我借用这个故事来写一首诗呢？”

霍桑很爽快地答应了，并许诺说：“在朗费罗以此为题材写成诗之前，他绝不会用这个故事的原形来写散文。朗费罗抓住了这个机会，创作出了举世闻名的《伊凡吉琳》。”

故事解析

著名微生物学家巴斯德说："机遇偏爱有准备的人。"机遇本身不是一种科学方法，但它常常会引发或导致不朽的科学发现或重大的技术发明。在人类发展史上有很多发现和发明，甚至是很重大的发现和发明都是通过偶然机遇做出的。

我们要克服思维的惰性，首先需要打破习惯意识的制约，更新旧有的观念和思维方式，从全局的角度用新方法改进事物的形态、特性和功能等，以便于解决问题。这就要求我们要敢于在合适的范围内异想天开，标新立异。

想要标新立异，就要打破对思维理解上存在的误区。具有惰性思维的人往往认为思维能力是天生的，无需后天的训练，这种论调是不科学的。人人都有思维的潜力，只是程度不同而已。可能有的人思维活跃一些，有的人思维迟钝一些，但只要经过有针对性的训练，人人都会有出色的思维能力，人人都可以另辟蹊径。

故事穿越

美国科学家富兰克林为了消除社会上对雷电的恐惧心理，破除人们对雷电的迷信思想，一直在思考着雷电的本质。于是一天，他将几只莱顿瓶联起来做实验，以加大电容量。实验中，他的夫人丽达不小心碰到了莱顿瓶，突然闪过一团电火，随着轰的一声巨响，丽达被电击倒在地不省人事。这次事故给富兰克林留下了深刻的印象，他认为电瓶里的电麻人与天上的雷电“打”人特别相似，很有必要把雷电“捉”下来进行研究。

1752年夏天，富兰克林做了一个轰动世界的实验。在一个乌云密布的日子，他在费城郊外向天上放了一只特别的风筝，风筝的顶端安了一根尖尖的铁针，放风筝的麻绳的末端安了一把铁钥匙。当雷电击来时，绳子上的细小纤维都竖立了起来，手靠近风筝线终端的钥匙发出了噼啪的声音，钥匙连着的莱顿瓶蓄了大量的电，天上的雷电被“捕捉”进莱顿瓶里了。

富兰克林用勇敢的行动、缜密的方法揭穿了有关雷电是“上帝之火”的古老神话，为电学的发展做出了贡献，使唯物史观在电学领域获得了重大的胜利。他利用这个原理将空中云彩带的电引到地下避免雷电击毁建筑物，这就是他发明的避雷针，沿用至今，非常实用。

故事微语

惰性思维的人习惯于用老眼光看待问题，总是试图用以前反复被证明有效的旧概念去解释新现象。假如我们只会偶尔想到问题，却拒绝尝试、不敢冒险、按部就班、因循守旧，那么我们就无法像富兰克林一样实现心中想要揭开的结果，大好的时机和自身无限的潜能就只能被白白地葬送，挫折和失败一样都不可避免。

具有惰性意识的人会在生活中表现出典型的惰性心理，久而久之就会丧失发现新鲜事物的能力。不仅如此，当一种新事物、新理论刚出世时，这一类人总会受到各个方面的挑剔和反对，许多新发现往往这样被扼杀在摇篮之中，许多已经流行的观点即使有弊病也难以纠正。长此以往，他们会与时代脱节、迷失方向。所以，每个人都有权力保持自己的个性，不随波逐流，要认可自己的观点，活出自己的样子，唯有敢想敢做才能逐渐走向成功。

心灵箴言

聪明的年轻人以为，如果承认已经被别人承认过的真理，就会使自己丧失独创性，这是最大的错误。

——[德] 歌德

一个人想做点事业，非得走自己的路。要开创新路子，最关键的是你会不会自己提出问题，能正确地提出问题就是迈开了创新的第一步。

——李政道

唯有对自己卓越的才能和独特的价值有着坚定不移之确信的人才能称之为“骄傲”。任何想假装高傲的人不一定就能骄傲，他多半会像其他人一样，很快地丢弃掉这个假装的个性。

——[德] 叔本华

坚持个性，不随波逐流

故事话题

德国著名气象学家魏格纳躺在一间安静的病房内，墙上挂着一幅世界地图。他一边凝视着地图一边幻想着奇妙的问题：“为什么大西洋两岸的曲线形状如此相似？它们拼合在一起简直就像一块完整的大陆。这是偶尔的巧合还是原先整块完整的大陆分成了几块呢？”

第二年秋天，魏格纳看到一份材料说，南美洲和非洲、欧洲、北美洲、马达加斯加、印度等大陆上的蚯蚓、蜗牛、猿以及其他古生物化石，都非常的相似。这使他回想起一年前卧病看地图时自己思考过的问题。

于是魏格纳展开了他想象的双翼，他认为地球上两亿年前的古生物都生活在一块庞大的原始陆地上，暂且命名为“冷陆地”。这片陆地的周围是一片汪洋，后来由于天体引潮力和地球自转离心力的作用，“冷大陆”开始分崩离析，就像浮在水面上的冰块一样在不断漂移，从此美洲脱离了非洲和欧洲，中间留下的空隙就成为了大西洋，而非洲的部分与亚洲告别，在漂移过程中，它的南端略有偏转，渐渐地与印巴次大陆脱开，这样就诞生了印度洋，还有两块较大的陆地向南漂移，就形成了澳大利亚和南极洲。

为了证明这个想法，他翻看资料、仔细考证，经过数年的努力，他终于完成了一部划时代的地质文献《海陆的起源》，一个崭新的地质结构学说——“大陆漂移学说”就这样诞生了，它是由“地图——古生物化石——地球表面结构的联想”而萌发的。

《海陆的起源》

故事解析

科学的想象是科学的先导。开普勒提出行星运动三大定律，哈维发现了血液的循环，拉瓦锡建立了科学的燃烧理论，普朗克提出的量子论，魏格纳提出的大陆漂移学说等都是很好的例子。

法国著名作家儒勒·凡尔纳惊人的想象力是众所周知的，他在无线电还未发明之前就已经想到了电视；在莱特兄弟制造出飞机之前的半个世纪就已想到了直升飞机和飞机，还有坦克、导弹、潜水艇、霓虹灯等，他都预想到了。他在《月球旅行记》中甚至讲到了几个炮兵坐在炮弹上让大炮发射到月亮上，据说齐奥尔可夫斯基——宇宙航行开拓者之一，正是受了凡尔纳著作的启发，推动着他去从事星际航行理论的研究的。

伟人事迹总是让人觉醒，他们在想象这条无尽的道路上，创造出了无数的伟大发明。这是一条永远走不到尽头的路，每个人都可以迈向它，去继续观看伟人们所未见到的风景。

故事穿越

格力这个品牌在创业之初仅仅是一个年产 2 万台窗式空调的小厂，而现如今却已然发展壮大为国内同行业的龙头企业，在空调行业占了很高的市场占有率。

1994 年之前，格力还不具备自主研发的能力。他们还决定了不再沿袭国外名牌产品的生产方式，而是开始独立开发设计空调。随着人们物质生活水平的提升，人们对于空调的要求也越来越高，面对日益要求苛刻的市场，格力从顾客的要求出发研制新产品。

起初格力设计的空调制冷效果好，缺点就是噪声大。安装在家庭、办公室这样的空间里就会带来很大的噪声，那段时间引发了大量消费者的不满。后来，格力对消费者的不满、抱怨、批评认真加以对待，并提出了“想消费者之所未想”的经营方向，重在通过技术创新、创造市场。

最后，格力研发出来的产品总是比同行业的产品领先一步在市场上出现，相继开发出来的灯箱柜式空调、家庭中央空调、分体式天井空调等都深受消费者的欢迎。

故事微语

格力之所以能够创造奇迹是因为他们在不断地改造技术、追求产品的创新，这种思维方式有利于解决问题。如果遇事只随大溜，拒绝独立思考，那么思考着的创意是很难被唤醒的。通常从众心理比较强的人，创意思维能力就会相对较弱，而那些不善于随大溜的人，往往最懂得创意。

实践中的很多实例都能证明敢于标新立异提出新观点的人在经过各种努力后，大都可能得到别人的认可。比如实验科学先驱罗吉·培根早在 13 世纪就提出彩虹是由于太阳光照着雨水反映在天空中而形成的，这种观点和当时大家普遍接受的观点格格不入，大家宁可相信彩虹就是上帝的指头在天空划过的痕迹。不从众的信念使他进了监狱，这一去就是 15 年。

无独有偶，波兰著名的天文学家哥白尼在当时“地心说”占统治地位的年代发表了《天体运行论》，提出了与传统不同的“日心说”，主张地球围绕太阳转动。这种学说从一开始就遭到了反对，以至于被认定为“异端邪说”。在“神创论”占统治地位的中世纪，人们普遍接受了《圣经》中关于上帝造人的理论，达尔文经过 20 多年的艰苦研究，于 1859 年出版了名著《物种起源》，顿时在社会上掀起了轩然大波。他的理论也被人称为“牲畜哲学”“粗野的哲学”。

很多人会在从众心理的作用下激烈反对新思想、新理论，固定的思维模式束缚了他们的接受能力，就只能强烈地抵制创新的机会。比如历史上每一次新观念的提出都会面对很多质疑甚至排斥，经过一段漫长的岁月，这种观点才渐渐得到大家的认可，最后成为人们都能接受的真理。所以，当我们面对新情况、新问题时，不要拒绝创意的思维，要跳出从众的圈子，拓宽视角、开阔思路，进行独立创意的思考，一定会发现最适合的新办法。

心灵箴言

要测量一个人真实的个性，只须观察他认为无人发现时的所作所为。

——[英] 麦考莱

每个人都有他的隐藏的精华，和任何别人的精华不同，它使人具有自己的气味。

——[法] 罗曼·罗兰

不要无事讨烦恼，不作无谓的希求，不作无端的伤感，而是要奋勉自强，保持自己的个性。

——[美] 德莱塞

每个人都有自己的特点，没有两个人一样的；真是人跟人各异，石头跟石头不同。然而大家合在一起，就成了相互交织在一起的群英谱。

——[俄] 富尔曼诺夫

在探索的路上要扛得住嘲笑

故事话题

17 世纪意大利伟大的科学家伽利略在学校念书的时候，同学们称他为“辩论家”。这是因为他提出的问题都很不寻常，甚至连老师都难以解答。在当时，研究科学的人都信奉亚里士多德，把这位 2000 多年前的希腊哲学家的话视为神圣不可侵犯的真理，如果有人提出质疑，人们就会责备他。

亚里士多德曾经表示，同时将一个 10 磅重的铁球跟一个 1 磅重的铁球从高处扔下去，一定是 10 磅重的铁球先着地，其下降速度是 1 磅铁球的 10 倍。伽利略对这句话产生了疑问，心想如果把这两个铁球拴在一起，落得慢的就会拖住落得快的，落下的速度应当比 10 磅重的铁球慢。但是如果把拴在一起的两个铁球看作一个 11 磅的整体，落下的速度就应当比 10 磅重的铁球快。这两种不同的结论又该如何解释呢？

伽利略一边思考一边反复做了许多试验，结果都证明亚里士多德的理论是错误的。两个不同重量的铁球同时从高处落下来，一定会同时着地，铁球下落的速度跟其质量并无关系。当时只有 25 岁的数学教授伽利略向学生们宣布了试验的结果，并宣布要在比萨城的斜塔上做一次公开试验。

消息很快传开了。到了那一天，很多人来到斜塔周围一看究竟。有人说：“这个青年真是胆大妄为，竟想找亚里士多德的错处！”还有的说：“等会儿他就固执不了啦，事实是无情的，会让他丢尽了脸！”

伽利略很快在斜塔顶上出现了。他右手拿着一个 10 磅重的铁球，左手拿着一个 1 磅重的铁球。两个铁球同时脱手，从空中落下来。一会儿，斜塔周围的人都忍不住惊讶地呼喊起来，因为大家看见两个铁球同时着地了，正如伽利略说的一个样。这时大家才明白，伽利略的理论才是对的。

故事解析

一个人的能量或许是有限的，但这不足以成为我们怀疑自己、否定自己的理由，这样会毁灭我们的梦想。做任何事都不要过分在意成败问题，我们只要想到成功，想办法把“一定会失败”的意念排除掉。一个人一心想着成功，就一定会成功；想的尽是失败，就一定会失败。

成功往往实现在那些有成功意识的人身上，失败根源于那些不自觉地让自己产生失败的人身上。只要踏踏实实地用自己的行动把事情有可能出现的瑕疵或者困难、障碍逐个克服，就能让自己的梦想成为现实。

故事穿越

在美国的一次经济大萧条中，90%的中小企业都倒闭了，一个名叫克林顿的人开的齿轮厂的生意也一落千丈。

克林顿为人宽厚善良，朋友圈子很广，其中的客户群也一直维系得很好。克林顿想过请求这些朋友出出主意帮助自己度过这段举步维艰的时期，于是就写了很多信。可是等信写好后他才发现，自己连买邮票的钱都没有了。

这件事提醒了克林顿：自己没钱买邮票，别人的日子想来也好不到哪里去，怎么会舍得花钱买邮票给自己回信呢？可如果没有回信，谁又能帮助自己呢？于是克林顿把家里能卖的东西都卖了，用一部分钱买了一大堆邮票开始向外寄信，还在每封信里附上 2 美元，作为回信的邮票钱，希望大家给予指导。他的朋友和客户收到信后都大吃一惊，因为 2 美元远远超过了一张邮票的价钱。每个人都被感动了。

不久，克林顿就收到了订单，还有朋友来信说想要给他投资一起做点什么，克林顿的生意很快有了起色。在这次经济大萧条中，他是为数不多站住脚而且有所成的企业家。

故事微语

生活中不乏一些时常怨天尤人的人，他们的标新立异总是遭受嘲笑。或许很多事情发生在我们身上时，我们也会迫切希望得到他人的理解，希望他们能站在自己的角度思考问题。这个时候不妨尝试自己先主动站在对方的角度思考，这样也许会得到一个意想不到的答案，许多矛盾和误会也会迎刃而解。

道格拉斯·玛拉赫也用一首诗表达了自己的看法："如果你不能成为山顶上的高松，那就当一棵山乡里的小树——但要当棵溪边最好的小树。如果你不能成为一棵大树，那就当丛小灌木。如果你不能当一丛小灌木，那就当一片小草地。如果你不能是一只麝香鹿，那就当尾小鲈鱼——但要当湖里最活泼的小鲈鱼。"

世间的所有生命都在时间与空间之流中兜兜转转，生命总以多彩多姿的形态展现着各自的意义和价值，在闪光中现出灿烂，在平凡中现出真实，所以，所有的生命都应该得到祝福。只要明白这一点，把心打开，就不怕被人嘲笑。

心灵箴言

一个人所能做的就是做出好榜样，要有勇气在风言风语的社会中坚定地高举伦理的信念。

——[美] 爱因斯坦

公共的利益，人类的福利，可以使可憎的工作变为可贵，只有开明人士才能知道克服困难所需要的热忱。

——佚名

我们不必羡慕他人的才能，也不须悲叹自己的平庸；各人都有他的个性魅力。最重要的，就是认识自己的个性，而加以发展。

——[日] 松下幸之助

时机到了，白日梦也能变成真

故事话题

苏格兰细菌学家弗莱明发明青霉素是个著名的利用机遇发明创造的例子。他在寻找对付葡萄球菌的办法时，用肉汤做成培养液在小碟里培养葡萄球菌，然后试着用各种药物去杀灭它。他把菌种放在一只只的小碟子里，女助手把小碟子加上盖，并把它们都放在暖处保持一定的温度。

一次，由于女助手的疏忽，其中的一个小碟子忘记了加盖，而且碰巧这只小碟子附近的窗户没有关上。两天后，当弗莱明去观察细菌生长情况时，发现那只未加盖的小碟子中几乎有 1/3 的细菌表面出现了灰绿色的霉花。

起初弗莱明感到很生气，心想这部分实验被毁了，要再重新做一次。后来他把它拿到光亮处仔细观察，再放到显微镜下观察，发现霉花附近的葡萄球菌枯萎了。葡萄球菌会不会是被空气中落入的霉菌杀死了呢？他一边这样想着一边特地把这种霉菌接种到其他的培养液中，结果霉菌附近的葡萄球菌也死了。经过反复研究，弗莱明终于找到了答案，这种霉菌能分泌出一种具有杀菌能力的物质，它能杀死许多种细菌，它就是青霉素。

故事解析

如果弗莱明当初没有舍弃加盖的小碟子，或许一辈子都难以找出杀菌的办法。在创意活动中，并非每一个偶然因素或意外情况都能导致成功的发明创意，放过可能创意成功的线索是一个判断性错误，去探索不可能导致成功的线索也是一个错误的判断。在研究中成功地发现了偶然现象后，思路要灵活。

丰富的想象力能让研究者突破现有的科学认识和理论的束缚，提出假设和探索途径。电话的发明者贝尔的塑像下面有一句意味深长的话：“有时需要离开常走的大道潜入森林，你就肯定会发现前所未见的东西。”善于把握机遇利用机遇完成创意的人是聪明的人，要想通过创造机遇而取得成功，就要在研究过程中充满好奇心和求知欲，要有敏锐的观察力去制造意外情况和偶然现象，再寻根究底地进行探求。时机到了，美梦就会成真。

故事穿越

说起人类基因组，我们就会想到DNA。这种微妙的双螺旋结构背后站着3个巨人，他们分别是詹姆斯·沃森、弗兰西斯·克里克和莫里斯·威尔金斯。

沃森小时候非常喜欢鸟，长大后他知道了达尔文的进化论，对“生命的根源是什么”这个问题产生了浓厚的兴趣，总想搞明白生命是为何而存在的。在芝加哥大学读书期间，他读过奥地利物理学家薛定的《生命是什么》，书中认为生命的本质存在于信息中，而生命的特异性存在于染色体中；生命中有一份“说明书”，它印在分子上；分子一定有某种非常特别的结构，有某种复制信息的方法。从那以后，他的注意力就全部集中在了基因上。

大学毕业后，沃森在印第安那大学做了两年半的研究生，取得了博士学位，后又到哥本哈根留学了一年DNA的生物化学知识。留学期间，他结识了威尔金斯。幸运的是，在半年后去意大利开会时，沃森看到了英国牛津大学的研究人员弗兰克林拍摄的DNA的X射线衍射照片。他与朋友克里克根据DNA的X射线衍射照片，以及威尔金斯博士对该照片的解释，一起提出了DNA具有双螺旋结构的构想。

DNA双螺旋结构的发现被称为20世纪最伟大的科学成果之一。为此，沃森、克里克、威尔金斯获得了1962年的诺贝尔生理学医学奖。

故事微语

机遇不是唾手可得的，优秀的人不会守株待兔，而是寻找并抓住机会、把握机会、征服机会，让机会成为服务于他的奴仆。只要我们善于观察，就一定会发现周围处处存在有利的机遇；只要我们伸出双手，就会触碰到等待我们去开发的事业；只要我们目光敏锐，机遇随时会光顾属于我们的小屋。

我们每个人都见过水满则溢的情景，却没有人运用自己所学的知识去想一想，人浸在水中身体的体积正好等于溢出的水的体积，而阿基米德就观察到了这一点，运用这一个方法迅速计算出了任何不规则物体的体积，所以他才得到了创意的偏爱。

人们往往把机遇看成是一种幸运，可这种幸运不同于中奖，不是任何人都能拿着奖券去兑换奖品，更不同于在地上拾东西俯拾即可，它就相当于一次考试，检验你是否已经有足够资格拥有它，并充分利用它进行创意，而它要考的主要科目就是你的观察能力，你的眼光是否敏锐，只要你达到了这个标准，你随时会遇到这位“幸运之神”。

心灵箴言

勇敢里面有天才、力量和魔法。

——[德] 歌德

勇气是人类最重要的一种特质，倘若有了勇气，人类其他的特质自然也就具备了。

——[英] 丘吉尔

我认为克服恐惧最好的办法理应是：面对内心所恐惧的事情，勇往直前地去做，直到成功为止。

——[美] 罗斯福

第五篇

细心一些，捕捉刹那间的出彩灵感

创意思维是一种开创性的、灵活多变的思维活动，它伴随着“想象”“直觉”“灵感”等非规范性的思维活动，具有极大的随机性、灵活性。

在创意活动的过程中，如果想战胜阻碍，就必须克服胆怯，增加批判意识，有效运用创意思维。要积累知识、独立思考、突破束缚、学会联想、捕捉直觉和灵感、挖掘创意的潜能。

很多灵感就发生在一念之间

故事话题

古希腊国王要斥巨资为自己制造一顶纯金王冠，他把金子原材料如数交给工匠令其制作。工匠按规定的期限把王冠造好了，王冠的重量和所得金子的重量完全相等，国王很满意。

后来有人告密说王冠的一部分黄金被工匠贪污了，里面掺入了相等重量的白银。国王非常生气，下令检验王冠，但又不能把王冠弄坏，那么怎样才能知道王冠中是否掺入了白银呢？国王把这个任务交给了阿基米德。

阿基米德不分昼夜地冥思苦想，一连几天时间都没想出办法。而就在他到浴室洗澡的时候，灵感悄然而至。他发现自己踏进澡盆时，水面上升了一段，而当他坐进澡盆的时候，水漫溢到盆外。与此同时，他还觉得入水愈深他的体重则愈轻。他心中不由得激动万分，于是一跃而起，大笑着往外跑，嘴里喊着：“尤里卡，尤里卡！”他在向全世界宣布，自己已经找到方法了。

回到家中他马上做实验，在一个空盆里放了一只瓦罐，往瓦罐里倒满清水再轻轻地放进金王冠，水沿着瓦罐边缘溢出来，流到盆里。他把盆里的水倒出来，测量后记下数据。然后又往瓦罐里倒满水，把一块与金王冠相等重量的黄金放进去，水同样流出来。于是把这些水也量了一下。两个数据一比，金块排出的水要比王冠排出的水少。

接下来，他取了一块与王冠、黄金块同样重的白银块，也用同样的办法放进装满水的瓦罐，结果白银排出的水又多于王冠排出的水。由此，阿基米德得出了结论：王冠既不是纯金的，也不是纯银的，工匠在制作王冠时肯定是在黄金中掺了不少白银，把多余的黄金偷走了。工匠欺骗了国王。

阿基米德因为这个实验还发现了液体静力学的基本原理：部分或全部浸于静止流体中的物体，将受到向上的浮力，浮力的大小等于物体所排开的这部分流体所受到的重力，浮力的作用点在物体排开的这部分流体原来的重心位置处。用公式表示就是：$F_{浮}=V_{排}\rho_{流}\cdot g$。这个原理后来就以他的名字命名，称为“阿基米德原理”。而今潜水艇的沉浮、气球和气艇的飞行、打捞海底沉船、制造巨型舰船，都离不开阿基米德原理。

故事解析

俄国画家列宾曾说："灵感是对艰苦劳动的奖赏。"灵感产生时，注意力处于高度集中的状态，这时人们所有的活动都集中在自己的创意对象上，其余的东西几乎会抛在脑后不去顾及。难怪牛顿专心致志地研究问题时，竟把怀表当作鸡蛋放进锅里。

灵感是突发的、飞跃式的。我国著名科学家钱学森说："灵感出现在大脑高度激发状态，高潮多很短暂，瞬息即逝。"科学家对问题长期进行探索，智力活动在出其不意的一刹那，于是智慧从蕴积中骤然爆发，问题便迎刃而解。

对于瞬间即逝的灵感，必须设法牢牢抓住，不要让思想的火花白白浪费了。许多科学家都养成了随时携带纸笔的好习惯，记下闪过脑际的每一个有独到见解的念头。美国著名生理学家坎农说："当我准备讲演的时候，我就先写一个粗略的提纲，在这以后的几天中，我感到灵感来临之际，都是与提纲有关的鲜明例子、恰当的词句和新奇的思想。我把纸笔放在手边，便于捕捉这些稍纵即逝的新想法，以免被淡忘。"

故事穿越

德国化学家弗里德利希·凯库勒花费了许多时间和精力探讨有机化合物苯的分子结构，但是一直未能发现其中的奥秘，反而把自己折腾得身心疲惫。

有一天，凯库勒面对壁炉，坐在椅子上打起了瞌睡。在似睡非睡的状态中，他看到成群的原子在眼前飞舞跳跃，还有些较小的原子在远处躲闪着，然后众多的原子排成了一个队列，长长的队列像一条巨蛇般蠕动着、缠绕着。最后，蛇头咬住了蛇尾，形成了一个圆环在凯库勒眼前旋转着，像嘲笑他似的。这时，凯库勒像遭到了电击一样猛然清醒过来，并且立即悟出：苯的分子结构是封闭的环形，而不是开放的链形。

后来，他终于在1872年提出了苯的化学式——C6H6。

故事微语

化学家凯库勒的真实经历告诉人们，其实灵感的产生就是“无心插柳柳成荫”，只有在不去过问的时候它才会悄然而至，就像在跟人开玩笑似的。而在我们绞尽脑汁去琢磨的时候，未必能找到最好的答案。

每一个人都会得到灵感，灵感宛如流星稍纵即逝，所以我们要学会用正确的方式捕捉灵感，这样才有可能收获令人意想不到的效果。最重要的一点是，引发灵感要善于会用脑、多用脑，也就是在遵循引发灵感的客观规律的基础上科学的用脑。

心灵箴言

灵感，是由于顽强的劳动而获得的奖赏。

——[俄] 列宾

情之所至，诗无不至；诗之所至，情以之至。

——王夫之

灵感全然不是漂亮地挥着手，而是如健牛般竭尽全力工作的心理状态。

——[俄] 柴可夫斯基

谦虚学习他人的优秀创意

故事话题

听诊器还没发明之前，中国传统的医学采用望、闻、问、切手段来获取病人体内的信息，而西方的医生只能用耳朵贴在病人的胸前听患者的呼吸声和心跳声。用这种方法给病人看病非但效果不好，还很不方便。如果遇到一位异性来看病，趴在对方不太合适的身体部位去听会令人非常尴尬。既要诊病，又不能再用老方法，就必定要用新办法取而代之。18 世纪法国一位名叫雷诺克的医生苦苦思索着这个问题，但始终不得要领。

一天傍晚，他出去散步时，看到一群小孩在一只废弃的啤酒桶旁玩耍。一个小孩用一根木棒轻轻敲击酒桶，而另一个小孩在另一边则用一根木棒在听，就是一端紧紧压在桶壁上，另一端紧贴在自己耳朵上。雷诺克看得出神，自己也拿木棒模仿，原来几乎轻不可闻的声音听起来却很响亮。他激动地想，或许利用这种原理就能做出让病人不再尴尬的器械来为他们诊病了。

回到家里，他就立即将这个大胆的假设付诸实践了。他找来木料做成一个喇叭状的东西，一头大一头小，中间是空的。他将大的那端贴在别人的胸上，小的那端塞在自己的耳朵里，听了听果然效果不错，使用又方便，这便是人类历史上第一个听诊器。今天的听诊器就是在这个听诊器原形的基础上几经演变而成的。

故事解析

现实生活中有一种办法会比较全面，那就是把不同人的观点和思路结合起来，从中找出创意的幼芽。每个人观察问题的角度以及思考问题的方式，还有对待某些问题的态度都有自己的特殊之处，不可能与别人完全相同。听取别人的观点，就等于自己多了一种思考问题的角度、方法和态度，新奇的创意往往蕴含在新奇的角度之中。

虽然很多时候我们无法获得“纯粹客观”，也无法达到“彻底的全面”，但是我们还有一种补救的办法，那就是抓住思维对象的本质和主流，多向别人学习。

故事穿越

20 世纪 70 年代末，德国物理学家葛·尼跟自己的导师海·瑞尔在 IBM 公司设在瑞士苏黎世的实验室进行超导实验时，并没有把自己有关“超导隧道效应”的研究与新型显微镜的发明联系到一起，但个实验确实为他们今后发明扫描隧道显微镜奠定了基础。

两位科学家在一次偶然的机会拜读了物理学家罗伯特·杨的一篇有关“形貌仪”的文章，这篇文章中有关驱动探针在样品表面扫描的方法给了他们灵感：使用导体的隧道效应或许可以探测物体表面并得到表面的形貌。

经过师生二人的合作，1981 年，世界上第一台具有原子分辨率的扫描隧道显微镜终于诞生了。这项发明被称为“原子世界的眼睛”，人类通过它得以真正“看到”原子、分子世界的奇异的情境。在扫描隧道显微镜下，导电物质表面结构的原子、分子状态清晰可见。

有了扫描隧道显微镜，人类就有了观察和排布原子的工具，它为人类打通了通向纳米时代的道路。

故事微语

学知识是一件好事，但如果不结合实际情况加以运用，这样的知识是僵化的，我们的大脑就成了存贮的仓库，而不是创意的源泉。这就如同一潭水，如果水不流动起来，只能成为死水；而如果经常注入新鲜的水，并且经常流动才是我们思维的活水源头。狭隘的知识结构通常会限制问题的解决。

思维能力强的人善于管理自己大脑吸收的各种信息。我们处在一个信息社会，知识爆炸，信息满天飞，但是切不可被大量无用的信息占据头脑，而失去积极思考的能力。只会吸收知识而无处理能力的人也只能是一个“书橱”，难以创意出新的东西来，要学会过滤所学的知识。

心灵箴言

师夷长技以制夷。

——魏源

把别人的经验变成自己的，他的本事就大了。

——毛泽东

如果试图改变一些东西，首先应该接受许多东西。

——[法] 萨特

以铜为镜，可以正衣冠；以人为镜，可以明得失；以古为镜，可以知兴替。

——李世民

别将创意想得太过复杂

故事话题

1908 年的一天晚上，东京大学化学教授池田菊苗从实验室回家同家人一起吃饭。妻子端上来一碗热乎乎的汤，池田喝了一口觉得味道很鲜，便问妻子在汤中加什么佐料才能煲出这么鲜美的味道，妻子心里美滋滋的，轻声说：“这是海带汤，海带汤总是比较鲜的，没有加其他佐料。”

池田心想海带汤为什么这么鲜呢？鲜味是怎样形成的，有没有鲜味物质呢？他心里默默嘀咕着：海带这么鲜，内部一定有一种能够产生鲜味的物质。如果能找到这种物质，人们就可以方便地经常享受鲜美的味道了。

于是池田开始寻找海带产生鲜味的物质。他把海带切碎后放在水里不断地煮，坐等未知的“鲜味物质”溶解于水中。经过不断地煮沸，汤越来越浓，味道也越来越鲜。最后经过分离、结晶、提纯，终于得到了一种白色的化合物。取一点放在口里，一股鲜味传遍嘴中。池田知道，这就是要找的“鲜味物质”，用这种白色结晶做成的汤与用海带做成的汤一样鲜美无比。

池田又分析了这种物质，知道了这是一种氨基酸的钠盐，化学名称叫谷氨酸纳，这就是现如今我们炒菜时常用的味精。最后，池田找到了化学合成和生产味精的方法，并获得“味精”的专利权。味精的发现给家庭主妇带来了福音，也渐渐走进了千家万户的厨房。

故事解析

任何事物之间都是存在一定联系的，而通过这些千丝万缕的联系，我们能从中发挥丰富的想象力，得到启示进行创意。创意就是这样简单地存在于我们的生活之中。

贝弗里奇在自己的著作《科学研究的艺术》中提到：“独创性在于发现两个或两个以上的研究对象或设想之间的联系及相似点，而原以为这些对象或设想彼此没有关系。”想象力能够克服两个概念在意义上的差距并把它们联系起来，这样就能找到两个概念之间的关联，从而揭示事物的本质。

联想是建立在人们已有知识和经验的基础之上的，不是漫无目的的幻想，而是对头脑中的各种信息进行编码、加工与输出的活动。人类所有的创意活动都离不开想象力，想象力能使人们的智力活动打破时间与空间的限制，开阔视野发现新天地，所以想象力越丰富，导引创意的作用就越广阔；想象力越强烈，想象就越富有创意，提出的想法和问题就越新奇。

故事穿越

某大型家电公司在开全体会议，高层领导们都在绞尽脑汁思考公司新推出的加湿器该制订怎样的宣传方案。在现有的家电市场上，加湿器的品牌已经数不胜数，而且每一个品牌都是竞争对手们卯足了劲来宣传的。怎样才能在异常激烈的竞争中将自己的加湿器成功地打入市场呢？所有的决策者都是一筹莫展。

这时，一个刚进入决策层的总经理说道：“我们一定要局限在家电市场吗？”所有的人先是一愣，接着又用期待的心情继续听他往下说：“有一次，我在家里看见妻子做美容用喷雾器，于是就想，我们的加湿器为什么不可以定位在美容产品上呢？”

话音刚落，总裁就一跃而起说道：“好主意！我们的加湿器就这样来推。”

于是，在他们新推出的加湿器广告理念中，加湿器就定位为冬季最好的保湿美容用品。他们的口号是——加湿器：给皮肤喝点水。

新的加湿器一上市，就成功地抢占了市场。

故事微语

惯性思维是创意的禁锢。其实创意原本就暗藏在我们的日常生活中，不需要把它想得过于复杂。比如上述的案例中，加湿器未必一定要归类于家电产品的范畴，简单换一种思路，加湿器就变成了美容用品。

爱因斯坦曾经表示：由于知识的继承性，在每个人的头脑里都容易形成一个比较固定的概念，而当某一经验与这一概念发生冲突时，惊奇就会产生，问题也开始出现。当人们摆脱“惊奇”、消除疑问的愿望时，就构成了创意的最初冲动。所以“提出问题”才是创意的前提。

在日新月异的新时代，几乎每天都要伴随许多新事物、新观点、新概念的诞生，我们每时每刻都要汲取新知识。可无论这个世界怎么变化，我们都要把目光放在简单的生活中，不断地开动脑筋，积极创新。

心灵箴言

得之在俄顷，积之在平日。

——袁守定

思风发于胸臆，言泉流于唇齿。

——陆机

当夫运思落笔时，觉心手间勃勃欲发之势，便是机神初到之候。

——沈宗骞

灵感是创意路上的启明灯

故事话题

英国有个名叫史密斯的爵士失恋了。他百无聊赖地骑着马独自来到海边，满面愁容。正在这时，海面出现了一个鼓包状的水包，水包慢慢向前推移，引起了史密斯的好奇。他下意识地骑马跟着这个鼓包向前走，不知不觉中已走出了 5 英里路。水包还在向前推移，史密斯没兴趣继续追赶了，但心情好了很多，于是原路返回去了。

后来在一次聚会中，史密斯把这个奇闻告诉了大家，但没有一个人相信，只是付之一笑。这件事很快就传开了，当传到科学家的耳朵里时，他们对此产生了极大的兴趣。由于当时的科学理论解释不了史密斯发现的奇异现象，科学家们只好先用文字记录下来。

后来，随着科技的日益进步，科学家们解开了这个谜。他们的解释是：在特定的条件下，非固体物质的一定形状的波自身是不消耗能量的，构成这种波的水分子进行的速度一样，就像组成一列方阵的士兵在步调一致地前进，方阵会永远保持下去，该形状波也会同样保持下去，直到外界破坏了水分子的运动速度，该波才会消失。

科学家找到了孤立波的成因并掌握了制造这种波的方法，使之在高能物理方面得以广泛应用。

故事解析

灵感就潜伏在生活的每一个角落，只是不同的人看到的角度不一样。就像案例中的史密斯爵士，他看到的是水包，化解了失恋的惆怅；客人们听到的是有趣的故事，一笑了之；而对于科学家而言，这就是一个创意的启明灯，所以他们找出了孤立波的成因，使之为人类社会所应用。

摆在每一个人面前的机会都是均等的，机遇就是创意道路上的一个启示，就是茫茫白雪中的一点红，问题的关键就在于我们自己能不能寻到这一点红。寻到了，就能照亮创意之路，实现理想。

故事穿越

一天夜里，格拉茨大学的药物学教授洛伊突然被一个极好的灵感唤醒，他拿过纸笔简单记录了一下就又去睡了。

次日清晨，洛伊教授醒来后意识到昨天夜里自己产生了灵感，于是赶忙翻看记事本，但令他惊讶的是无论怎么看都看不明白本子上的笔记。

情绪有些失落的他在实验室里整整坐了一天，面对着熟悉的仪器总也想不出昨天夜里的那个设想，直到晚上要睡觉的时候还是一无所获。但是到了深夜，半梦半醒之间他又一次找到了同样的顿悟，他高兴极了，作了细致的记录后才回去继续睡觉。

第二天，他走进实验室，以生物学史上少有的利落、简单、肯定的实验方法证明了神经搏动的化学媒作用，神经冲动的化学传递就这样被发现了。它开启了一个全新的研究领域，并使洛伊获得1936年诺贝尔生理学或医学奖。

故事微语

灵感看似昙花一现、稍纵即逝，其实它是有个前提条件的，那就是人们对问题的苦苦思索。以上述故事为例，科学家执著于眼下的问题，对要解决的问题作好特别充分的准备，并强烈地期望着有所突破。由于问题一直在科学家的脑海中挥之不去，使得大脑建立了许多暂时的联系，一旦受到某种刺激，就变得豁然开朗，如“积之于平日，得之于顷刻”。

“众里寻它千百度，蓦然回首，那人却在灯火阑珊处”说的也是同样的道理。思维要想达到饱和程度则是前面各种工夫的“水到渠成”，这时头脑中密密麻麻地布满了纵横交错的“线路”，只要某个线路得到了“偶合”，就能一触即发，爆发出新的设想、好的主意。

心灵箴言

有时忽得惊人句，费尽心机做不成。

——戴复古

文人的灵感都是在饭后茶余生发的；事务不忙的人才会变得聪明起来。

——[逸经]

人们在那里高谈阔论着天气和灵感之类的东西，而我却像首饰匠打金锁链那样精心地劳动着，把一个个小环非常合适地连接起来。

——[德] 海涅

别将得来不易的灵感丢弃掉

故事话题

1543 年，著名的波兰天文学家哥白尼发表了《天体运行论》，他 40 年来的探索和观测终于结出了硕果——创立了以太阳为中心的宇宙学。

成就的背后往往是艰辛和勇敢。由于宇宙的复杂以及当时科技水平的落后，哥白尼的学说只能暂时被认定为一种“假说”，没人会认同。其实他的结论并非偶然，当时托勒密的“地心说”与天文观测事实之间是相互矛盾的，用“地心说”不能准确测定地球上的方位。此外，哥白尼还受到文艺复兴运动的启示，敢于正视旧体系遇到的困难，继承了来自古希腊的哲学和各种不用于“地心说”的宇宙学模型。

后来，哥白尼的新学说经过伽利略、开普勒、牛顿等人一系列的逻辑论证和实践检验，终于得到了巩固，成为人们反对这一假说的依据。尤其是 1821 年法国学者布瓦尔德发现了天王星的实际运行轨道有偏离理论计算的椭圆轨道的现象，这样天王星轨道的摄动就构成了检验日心说的一个最关键的步骤，只有在伽勒根据法国青年勒维烈的提示下发现了海王星之后，天王星轨道的摄动现象才得到解释，哥白尼的学说才成为人们公认的科学理论。

故事解析

恩格斯评价哥白尼的时候是这样说的：“哥白尼太阳系学说有 300 年之久，一直是一种假说。这个假说尽管有百分之九十九、百分之九十九点九、百分之九十九点九九的可靠性，但毕竟是一种假说。而当勒维烈从这个太阳系学说所提供的数据，不仅推算出一定还存在一个尚未知道的行星，而后来伽勒确定出现了这个行星的时候，哥白尼的学说就被证明了。”

由此可见，假说不仅是一种认识，更是一种研究方法。大部分假说来源于理论与实践之间存在的冲突，随着人们实践活动的发展，一些新的事物被发现，使得旧的理论不能解释它们了，于是产生一种新的猜测性的说明——假说。

“假说”就是灵感创造出来的果实，如果当时哥白尼因为周遭的质疑而轻言放弃，那么真理就会与那个年代失之交臂，掉进下一个轮回里等待被发现。哥白尼坚持自己的假说，认同自己的灵感，所以才为人类社会做出了巨大的贡献。

故事穿越

奥地利著名作曲家约翰·施特劳斯毕生写了462首曲子，其中很多作品流传至今，他被誉为“圆舞曲之王”。很多人听过他创作的《蓝色多瑙河》，据说这首曲子就是施特劳斯在一个优美的环境中突然涌现出灵感而得来的，但由于当时他忘记了带纸，于是就脱下了衬衣在衣袖上谱成了这首曲子。

此外，我们熟知的达尔文在创立生物进化论学说时，也是受到了一定启发从而迸发出灵感的。他在《物种起源》一书中是这样解释的：“1838年8月，即我开始有系统地调查工作之后的15个月，我阅读马尔萨斯的《人口论》以作消遣，同时由于长期观察动物的习惯，当然不难认识随处可见的生存竞争的事实，于是我便恍然大悟。在这种环境下，有利的变化势必保存下来，而不利的则归于消灭，这样的结果便是新种的形成。这样，我终于得到了一个可以作为工作依据的学说。”

故事微语

所谓灵感，就是在头脑中闪过的某些对问题的独创性的设想。它是人们在想着某一问题时，在头脑中突如其来地产生的一种使问题得到澄清的思想。灵感是创意不可缺少的条件之一，假如在创意思维的起初就要求头脑“要符合实际”“不能胡思乱想”，那么我们的思维就难以发挥其巨大的“超越性”特点，也就很难会有灵感出现。

所以，创意是一个过程，不能集中在一瞬间。就像要求创意者把全部资料搜集完之后再去作出发现是不切实际的，他们需要用提出的假说来指导下一步的工作，这样才能更快地发现真理。创意者正是借助假说充分发挥他们的灵感，从而走上成功之路的。

心灵箴言

句句夜深得，心从天外归。

——刘禹锡

热情和灵感是不为意志所左右的，是不由钟表来调节的，是不会依照预定的日子和钟点迸发出来的。

——[德] 费尔巴哈

创新需要一定的灵感，这灵感不是天生的，而是来自长期的积累与全身心的投入，没有积累就不会有创新。

——王亚宁

心灵榜样微史话

路德维希·安德列斯·费尔巴哈

路德维希·安德列斯·费尔巴哈是德国的哲学家，他出生于拜恩州(今巴伐利亚)下拜恩区的首府兰茨胡特，是德国法学家保罗·约翰·安塞姆里特·冯·费尔巴哈的第四个儿子。

费尔巴哈对基督教的批判在社会上产生了很大的影响，他的某些观点在德国教会和政府的斗争中被一些极端主义者接受。对卡尔·马克思的影响也很大，虽然马克思并不赞同他观点中的机械论，马克思曾写过《关于费尔巴哈的提纲》，批判他形而上学的唯物主义。

麦考莱

麦考莱是英国的历史学家、政治家。他于 1800 年 10 月 25 日出生在苏格兰的贵族之家，毕业于剑桥大学。

青年时参加辉格党，1830 年被选为议会议员，积极投身争取第一次议会改革法的活动。1834 年赴印度，任印度最高理事会高级官员。1839 年起任陆军大臣。鸦片战争前夕，力主侵华。1842 年，反对宪章派提出的人民普选权要求。1847 年在爱丁堡竞选失败，从而退出政界。

此后，他开始撰写《自詹姆斯二世即位以来的英国史》(即《英国史》)。

富尔曼诺夫

富尔曼诺夫是俄罗斯作家，他出生在一个农民家庭。1918 年加入共产党，国内战争中曾率伊凡诺沃—沃兹涅先斯克工人支队奔赴前线，后任恰巴耶夫师政治委员、革命军事委员会驻土耳其克斯坦战线全权代表，军政治部主任等职。

内战结束后，他一面从事文化出版工作一面写作，1922 年开始发表作品。他的优秀作品均从国内战争取材。在长篇小说《夏伯阳》中，他塑造了人民英雄夏伯阳的光辉形象，其中的政治委员格雷契柯夫的形象是共产党在国内战争中的领导作用的体现。此外还有长篇小说《叛乱》，内容描写了在哈萨克斯坦进行的国内战争。

彼得·伊里奇·柴可夫斯基

彼得·伊里奇·柴可夫斯基是 19 世纪伟大的俄罗斯作曲家、音乐教育家，他出生于矿山工程师兼官办冶金工厂厂长家庭。1859 年毕业于彼得堡法律学校，在司法部任职。1861 年入俄罗斯音乐协会音乐学习班(次年改建为彼得堡音乐学院)。1863 年辞去司法部职务，献身音乐事业。

他的作品反映了沙皇专制统治下的俄国广大知识阶层的苦闷心理和对幸福美满生活的深切渴望，代表作品有：第四、第五、第六(悲怆)交响曲，歌剧《叶甫根尼·奥涅金》《黑桃皇后》，舞剧《天鹅湖》《睡美人》《胡桃夹子》，第一钢琴协奏曲、小提琴协奏曲、《罗科主题变奏曲》、第一弦乐四重奏、钢琴三重奏《纪念伟大的艺术家》、交响序曲《1812 年》、幻想序曲《罗密欧与朱丽叶》、交响幻想曲《里米尼的弗兰切斯卡》、意大利随想曲、弦乐小夜曲以及大量声乐浪漫曲等。

伊里亚·叶菲莫维奇·列宾

伊里亚·叶菲莫维奇·列宾是一位俄罗斯画家，巡回览画派重要代表人物。出生于丘古耶夫，在彼得堡美术学院学习。1873—1876 年先后旅行意大利及法国，研究欧洲古典及近代美术。回国后勤奋作画，创作了大量的历史画、风俗画和肖像画，表现了人民的贫穷苦难及对美好生活的渴望。1878 年，他参加巡回展览美术协会。代表作品有《伏尔加河上的纤夫》《宣传者被捕》《意外归来》《查波罗什人复信土耳其苏丹》《托尔斯泰》等。

让·保罗·萨特

让·保罗·萨特是法国20世纪最重要的哲学家之一，法国无神论存在主义的主要代表人物，西方社会主义最积极的鼓吹者之一。

他一生中拒绝接受任何奖项，包括1964年的诺贝尔文学奖。在战后的历次斗争中都站在正义的一边，对各种被剥夺权利者表示同情，反对冷战。他也是优秀的文学家、戏剧家、评论家和社会活动家。

海因里希·海涅

海涅是一名诗人和散文家，生于德国杜塞尔多夫一个犹太人家庭。被称为“德国古典文学的最后一位代表”。

1821年开始发表诗作，以4卷《游记》和《歌集》而闻名文坛。1825年为取得德国公民权而皈依基督教，但因此疏远了自己的犹太民族。而他的革命思想又使他在德国无法找到工作。1830年革命后自愿流亡巴黎，从诗歌写作转向政治活动，成为国家民主运动的领导人，同时对法国和德国文化有许多评述。

列宁

列宁，原名弗拉基米尔·伊里奇·乌里扬诺夫，列宁是他的笔名。世界著名的俄国革命家、政治家、思想家、理论家、实践家。他是世界上第一个社会主义国家——苏维埃政权的缔造者，布尔什维克党的创始人，俄国十月革命的领导人，担任苏联中央人民委员会的主席。他传承了马克思主义，并形成列宁主义。被全世界的共产主义接班人普遍认同为“国际无产阶级革命的伟大导师和领袖”。

卓别林

卓别林，1889年出生于英国后移居美国是著名的喜剧演员，导演，制片人，反战人士，后来也成为一名非常出色的导演，尤其在好莱坞电影的早期和中期他非常成功和活跃。他奠定了现代喜剧电影的基础，卓别林戴着圆顶硬礼帽和礼服的模样几乎成了喜剧电影的重要代表，往后不少艺人都以他的方式表演。作为一个从无声片时代成功过渡到有声片时代的喜剧大师，卓别林留给后世的精神财富难以估量。

陆机

陆机，字士衡，吴郡吴县人，是西晋文学家、书法家，孙吴丞相陆逊之孙、大司马陆抗之子，与其弟陆云合称“二陆”。

孙吴灭亡后出仕晋朝司马氏政权，曾历任平原内史、祭酒、著作郎等职，世称“陆平原”。后死于“八王之乱”，被夷三族。他“少有奇才，文章冠世”，与弟陆云俱为中国西晋时期著名文学家，被誉为“太康之英”。

除此之外，陆机还是一位杰出的书法家，他的《平复帖》是中国古代存世最早的名人书法真迹。

沈宗骞

沈宗骞，字熙远，号芥舟，又号研湾老圃，是清代乾嘉时人。幼年间能书、画，小楷、章草及盈丈大字，皆具古人神致魄力。尝见赏于曹地山、钱辛楣（钱大昕）等人。画山水、人物传神，无不精妙。有淳化阁石刻。著《芥舟学画编》，痛斥俗学，阐扬正法，足为画道指南。

生平杰作《汉宫春晓》《万竿烟雨》二图，为赏鉴家所宝，有神品之誉。晚年则纯用焦墨。《墨林今话、墨香居画识》。

戴复古

戴复古，字式之，常居南塘石屏山，故自号石屏、石屏樵隐。天台黄岩（今属浙江台州）人。

他一生没有为官，喜欢浪游江湖，后归家隐居，卒年80余岁。曾从陆游学诗，作品受晚唐诗风影响，兼具江西诗派风格。部分作品抒发爱国思想，反映人民疾苦，具有现实意义。他是著名的江湖派诗人。

心灵修养用语微解

谦逊： 不自大或不虚夸；谦虚，不高傲，认为自己所做的或者所达到的水平与别人相比还是很一般的。

新意： 指新的意义、见解、想法；新意境。语出晋•杜预《序》："然亦有史不书，即以为义者，此盖《春秋》新意。"

开拓： 动词，是指从小到大地发展、扩大，对象一般是范围较大的；开拓一般也泛指扩大、扩充；以及采掘矿物前进行的修建巷道等工序的总称。

灵感： 灵验；灵应。不用平常的感觉器官而能使精神互相交通，亦称远隔知觉。或指无意识中突然兴起的神妙能力。或指作家因情绪或景物所引起的创作情状。

创新： 是指以现有的思维模式提出有别于常规或常人思路的见解为导向，利用现有的知识和物质，在特定的环境中，本着理想化需要或为满足社会需求，而改进或创造新的事物、方法、元素、路径、环境，并能获得一定有益效果的行为。

创意： 是创造意识或创新意识的简称，亦作"剏意"。它是指对现实存在事物的理解以及认知，所衍生出的一种新的抽象思维和行为潜能。汉王充《论衡•超奇》："孔子得史记以作《春秋》，及其立义创意，褒贬赏诛，不复因史记者，眇思自出于胸中也。"

自信： 自信心是日常生活中常常谈起的一个概念，而在心理学中，与自信心最接近的是班杜拉在社会学习理论中提出的自我效能感的概念。自我效能感指个体对自身成功应付特定情境的能力的估价。班杜拉认为，自我效能感关心的不是某人具有什么技能，而是个体用其拥有的技能能够做些什么。

造就：培养使有成就。刘壎《隐居通议·礼乐》：“虽勉自造就，力昭其苦心，使得峥嵘，略慰平生，而有不能也。”造诣，成就。萧乾《鹏程》三：“如今，教会看他有造就，特意派他出洋留学去。”制作成；制造成。《元典章·工部一·缎疋》：“各处提调官督责局官人等亲临，监视人匠如法织造，无粉糨匀密，造就堪好缎疋。”

奇思妙想：奇妙的想法和思想。许仲琳《封神演义》第十七回：“御妻异制奇观，真堪玩赏，非奇思妙想，不能如此。”

集思广益：指集中群众的智慧，广泛吸收有益的意见。出自诸葛亮《教与军师长史参军掾属》：“夫参署者，集众思，广忠益也。”

不拘小节：不为无关原则的琐事所约束。多指不注意生活小节。出自《后汉书·虞延传》：“性敦朴，不拘小节。”宋·沈括《梦溪续笔谈》：“寇忠愍 拜相白麻，杨大年之词间四句曰：‘能断大事，不拘小节。有干将之器，不露锋芒；怀照物之明，而能包纳。’”清·纪昀《阅微草堂笔记·滦阳消夏录四》：“献县史某，佚其名，为人不拘小节，而落落有直气。”

持之以恒：谓有恒心，持续不间断，老是那么一股劲地进行。语出曾国藩《家训喻纪泽》：“尔之短处，在言语欠钝讷，举止欠端重，看书不能深入，而作文不能峥嵘。若能从此三事上下一番苦工，进之以猛，持之以恒，不过一二年，自尔精进而不觉。”京剧《串龙珠》：“男勤耕女事勤织各务其正，休荒嬉莫堕落持之以恒。”